KEXUE

原来这样学

YUANLAI ZHEYANG XUE

生态环境知多少

郑永春 主编

刘洋 董川 著

图书在版编目(CIP)数据

生态环境知多少/刘洋,董川著;郑永春主编. —杭州:浙江少年儿童出版社,2020.12
(科学原来这样学)
ISBN 978-7-5597-2217-1

Ⅰ.①生… Ⅱ.①刘… ②董… ③郑… Ⅲ.①生态环境—少儿读物 Ⅳ.①X171.1-49

中国版本图书馆 CIP 数据核字(2020)第 227369 号

科学原来这样学
生态环境知多少
SHENGTAI HUANJING ZHI DUOSHAO
刘洋 董川/著 郑永春/主编

责任编辑 刘楚悦 徐 婷
美术编辑 成慕姣
版式设计 杭州红羽文化创意有限公司
内文插图 彭 媛
责任校对 马艾琳
责任印制 孙 诚
出版发行 浙江少年儿童出版社
地 址 杭州市天目山路 40 号
印 刷 杭州长命印刷有限公司
经 销 全国各地新华书店
开 本 710mm×1000mm 1/16
印 张 8.75
字 数 65000
印 数 1—8000
版 次 2020 年 12 月第 1 版
印 次 2020 年 12 月第 1 次印刷
书 号 ISBN 978-7-5597-2217-1
定 价 35.00 元

(如有印装质量问题,影响阅读,请与购买书店或承印厂联系调换)
承印厂联系电话:0571-88533963

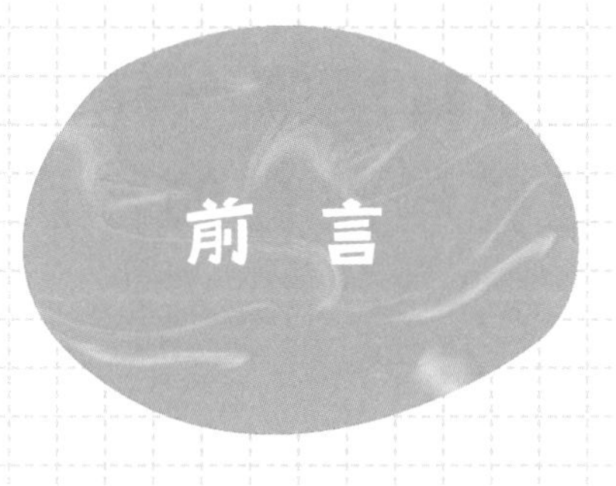

前 言

科普是“科”和“普”的结合，科普以“科”打头，但关键在“普”。科普的英文翻译之一——science communication，本意是科学的传播和交流。因此，要做好科普，就要把科学与日常生活联系起来，从身边的例子讲起，把冷冰冰的、难以理解的知识，用艺术化的方式表达出来，使其更加“美观”、更加“抓心”、更加“温暖”、更加“接地气”。如此一来，日积月累，可见水滴石穿之功；曲径通幽，必现豁然开朗之境。

学会像科学家一样思考，是科学教育的精髓

郑永春

自2017年9月1日起，我国开始从小学一年级起在义务教育阶段全面开设科学课，这对于提高全民科学素养、为建设创新型国家奠定教育基础至关重要。但我们也应当理性客观地认识到，我国的教育体系此前并没有系统性开展科学教育的传统。在我看来，由于缺乏人才队伍的建设和相关经验的积累，科学教育在中国还面临着许多问题、困难和挑战。

一、面临的问题

1. 缺少专业化的科学教师队伍

目前，各级师范院校中开设了专门的科学教育专业的并不多。教育系统的科学教研员和科学教师大多是从其他岗位转过来的，从业时间不长。据不完全统计，80%的科学教师没有理工科的专业背景，他们对“科学的本质是什么”“科学家是如何思考的”这两个关键问题的理解不深。在这种情况下，怎样才能上好科学课?

2. 科学家在科学教育中缺位

中小学教育与科技界之间的“两张皮”现象颇为严重：探月工程、载人航天、“蛟龙”入海、南极科考等科研领域的最新进展，在科学教育中鲜有体现；科研机构、高等院校与中小学之间、科学家与科学教师之间缺乏足够的沟通和交流。

3. 科学课在教育系统中地位低

科学教育在中国还是新生事物，没有得到应有的重视。科学课在很多学校都是边缘学科，与语、数、外等“主课”相比，显得可有可无。

唯有正视科学教育目前存在的问题，请进来，走出去，广开门路，促进科技界与教育界的密切互动，才能有效地提升科学教育的质量和水平。

二、存在的困难

1. 科学教育谁来做

在科学教育中，科学家负责回答教什么、学什么的问题，设计学习内容；科学教师负责解决怎么教、怎么学的问题，设计学习进阶。两者合力，相辅相成，才能共创科教未来。应将科学家的科学精神、科学态度、科学思维、科学方法与科学教师的教育理念、教学手段相融合，让科学课变成一门学生喜爱、学有所得并发自内心地主动学习的课程，成为学生的快乐源泉。

2. 科学教师如何做

（1）作为一名科学教师，首先应该要成为一名科学爱好者。只有自己对科学有兴趣，爱科学、懂科学，才有资格和说服力去教学生学科学。如果科学教师本身对科学不感兴趣，是科学的门外汉，只知其然而不知其所以然，那么教科学的结果不仅不能激发学生的兴趣，还会适得其反。

（2）作为一名科学教师，不仅要教给学生科学知识，还要教他们学会科学精神、科学思维、科学方法。教师是学生的启蒙者，正所谓“师者，所以传道受业解惑也”。科学教师向学生传授准确的科学知识、培养创造性思维、训练发现新知识的方法，这对学生未来的发展有着深远的影响。

（3）作为一名科学教师，应当积极主动与科学家沟通、交流，要树立自信，“敢”于同科学家对话，向科学家发问。只有多沟通、多探讨，才能充分了解科学家的思维方式和科学方法，并将其运用到教学工作中。正如萧伯纳所说：“如果你有一个苹果，我有一个苹果，彼此交换，我们每个人仍只有一个苹果；如果你有一种思想，我有一种思想，彼此交换，我们每个人就有了两种思想，甚至多于两种思想。”

（4）作为一名科学教师，应致力于提升自身的科学素养。不仅要经常参加科学讲座、科普活动，更要抱着学习、取经的心态，争取多参与一些科学研究课题。只有亲历科学研究的过程，才能更好地理解科学思维、科学方法，并将其付诸实践。

3. 科学家如何做

（1）要树立社会责任感，关注基础教育，尤其是科学教育，把传播科学、启蒙后辈作为自己应尽的社会责任。

（2）要积极参与中小学教材编写、中高考命题、基础教育课程标准制定、课程质量评估和教材审查等工作，提升教学内容的科学性、准确性，帮助科学教师明确教学目标，科学合理地分配教学任务。

（3）要走出实验室、象牙塔，走进中小学的一线教学阵地，切实了解当前中小学科学教育的现状、存在的问题和面临的挑战，积极踊跃地提出富有建设性的意见和建议。

三、科学研究对科学教育的启示

科学研究虽然没有固定的范式，但大致要经历几个步骤：在发现问题、提出问题、解决问题的过程中，经历查阅文献→调查研究→设计实验→开展实验→分析实验结果→提出结论→验证结论等步骤。有些步骤甚至要反复进行多次，才能逐渐逼近较为科学的答案。具体过程会因问题的不同而稍有差异，但整体的逻辑是相似的。

1. 聚焦核心问题，采用不同方法

对于科学教育，不能完全照搬或模仿科学家的研究过程，而应在保证科学严谨、逻辑清晰的前提下，对研究过程进行简化，以更好地适应中小学不同阶段的教学需求，灵活变通，因“人”制宜。

2. 注重思维训练，反复锻炼提高

反复的实验和论证使研究结果更加精准，经得起时间的检验。科研过程看似简单，但一步步坚持做下来，需要持之以恒的毅力、滴水穿石的耐心、批判质疑的精神和不怕失败的强大内心。科学思维、科学方法是无法速成的，而是在具体实践中反复训练、逐渐养成的习惯。

3. 注重探索过程，提高综合能力

以提升核心素养为目的的科学教育重在过程，不必陷入对具体知识的纠结，应认真践行规范化、流程化的科研训练。因为科学的实证精神是反直觉的，科学方法只能在实践中反复训练而成。科学教育旨在培养学生的科学思维和科学方法，使他们学会探索未知。

科学研究是一个发现问题、解决问题的过程。它不仅能锻炼学生分析和解决问题的能力、逻辑思维能力、总结归纳能力、团结协

作能力等，还能帮助学生养成严谨的科学态度，在潜移默化中，让科学探究成为他们的思维方式、具体行为，并逐渐内化为良好的科学素养。

四、迎难而上，科学教育怎么做

不同于大学生或研究生阶段的科学研究，中小学生的科学探究可简化为“发现问题→分析问题→解决问题→得出结论→汇报成果”的过程。但有几点需要注意：

（1）提出的问题不应是泛泛的或过于专业的问题。应鼓励学生留心观察日常生活中的点点滴滴，从中发现问题，以激发学生思考的兴趣和探索的热情。

（2）在解决问题的过程中，科学教师应从专业角度给予一定的引导和指导，同时也要充分发挥学生的主观能动性。

（3）学生在进行科学探究时，应定期向科学教师汇报自己的研究进展。科学教师要给予学生充分的展示和陈述的机会。当学生得到认同和鼓励时，就会更有动力、更有兴趣继续做下去，同时也锻炼了表达和演讲能力。

（4）科学课的考核评价方式也很重要——不是机械地给期末考试打分，也不是收到报告就应付了事，而应关注学生的探究过程，发现其中的亮点并给予鼓励，指出存在的问题和不足，并提出未来改进和提高的方向，使学习成果得到升华，让学生们不仅学科学、爱科学，还会用科学，学有所得，学有所期。

探索生态之旅，你准备好了吗？

刘洋

风，那么轻柔，带动着小树、小草一起翩翩起舞，当一阵清风飘来，如同母亲的手轻轻抚摸自己的脸庞，我喜欢那种感觉，带有丝丝凉意，让人心旷神怡。

——蕾切尔·卡逊《寂静的春天》

几百万年前，我们的祖先狩猎、采集，与野兽为邻，为生存而战……那时的人类只不过是大自然的匆匆过客，一切活动皆遵循大自然的法则。随着人类对工具使用的成熟和细化，在不断探索大自然的过程中，我们逐渐抛却野蛮与落后，代之以文明和发展。但人类的生产和生活日益超出了生态系统的承载力，使我们赖以生存的家园遭到破坏，不断有物种从这个星球上消失。因此，越来越多的人开始思考应该如何尊重与爱护大自然，如何节约使用不可再生资源，如何开发利用新能源，如何与地球上的每一个物种和谐相处。

灿烂的阳光、温柔的雨水、奔涌的大海、静谧的森林、奇异的

花草、可爱的动物……它们作为生态系统的组成部分，有着独一无二的故事，绽放着无与伦比的精彩。亲爱的小朋友们，不妨打开本书，和我们一起去认识、了解它们，感受它们的魅力吧！学习和探索我们生活的星球、了解其中的成员只是第一步，愿我们以所学所感所思所悟，为建设更加美好的生态家园贡献自己的一份力量。

本书将通过科普文章搭配知识拓展的形式，深入浅出地阐述一些与生态环境、生态系统相关的基本知识，是生态科学的入门级读物，生动又有趣，细致又精炼，有丰富多彩的小故事，也有趣味十足的小挑战。

全书共20章。在编著的过程中，得到了董川、张羱、洪沙沙、朱瑞琦、崔赛、王晓东、张慧林、原祎璠、郭建花、闫娅楠、李林、张晓然、冯宁坤、安佳琳、孙鑫程、郭姝、吴壮壮、成哲、王光辉、魏明高、白彩霞、张瀛澜等人的指导与帮助，全书由刘洋统稿。

由于水平和经验有限，书中难免存在疏漏和不足之处，敬请广大读者批评指正。

目 录

①

地球妈妈的保护层——大气层

我们共同生活在地球上，她是我们最伟大、最美丽的妈妈。她无私地包容着我们的一切，给我们提供了一个安全的港湾，是我们永远的家。在日常生活中，你是否留意到有些人家的大门上装有一层防盗网呢？作为全世界70多亿人的共同家园，地球妈妈当然也有一层“保护网”啦！

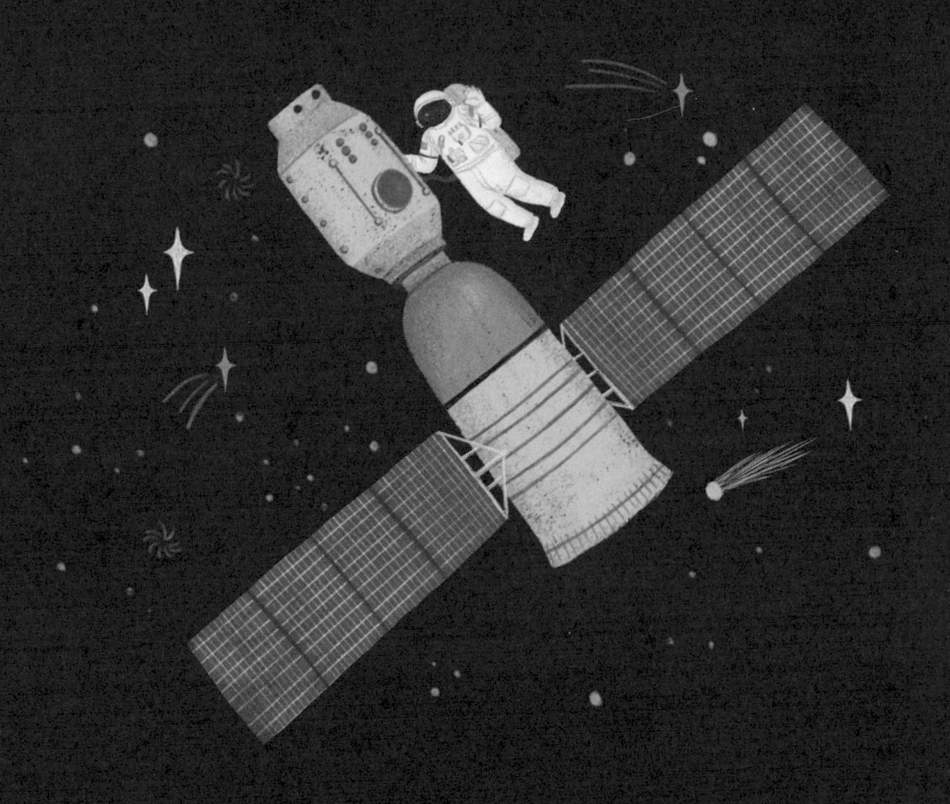

地球的保护层是大气层。大气层就是一层裹在地球表面的像棉花糖一样的雾蒙蒙的东西，它的主要成分有氮气、氧气、二氧化碳等，此外还有少量的氦气、氖气、氩气等稀有气体。就像鱼儿离不开水，人类和生活在地球上的生物都离不开大气层，因为在大气层之外的地方没有我们生存所必需的氧气。而宇航员们之所以可以在太空中遨游，是因为他们随身携带了氧气罐。只有这样，人类才可以在大气层之外的环境中生存。

根据大气温度随高度的分布特点，科学家们将大气层从地面向上分为对流层、平流层、中层、热层、外逸层等，再往上就是月亮和星星“居住”的星际空间了。

对流层是最接近地面，同时也是密度最大的大气层。其下界与地面相接，上界高度随季节和纬度变化。就其平均高度而言，在低纬度地区约为17—18千米；在中纬度地区约为12千米；在极地地区约为8千米。对流层的气温随高度的增加而发生变化。一般来说，高度平均每上升1千米，气温就下降约6.5摄氏度。造成这一现象的原因是对流层内大气的热量主要依靠吸收地面的热量。随着高度的上升，大气获得的热量越来越少，气温就逐渐降低。同时，接近地面的空气受热变轻，不断上升，高空中的空气遇冷变重，不断下沉，于是便产生了强烈的对流运动。风霜雨雪、云雾冰雹等变化多端的天气现象都发生在对流层。也就是说，天气预报就是根据对流层的天气变化来预测天气的。

平流层亦称同温层，高度从对流层顶至约50千米，位于对流层之上，是大气层中上热下冷的一层。平流层的空气基本上以水平运动为主。这一层空气稀薄，晴朗无云，能见度高，便于高空飞行，

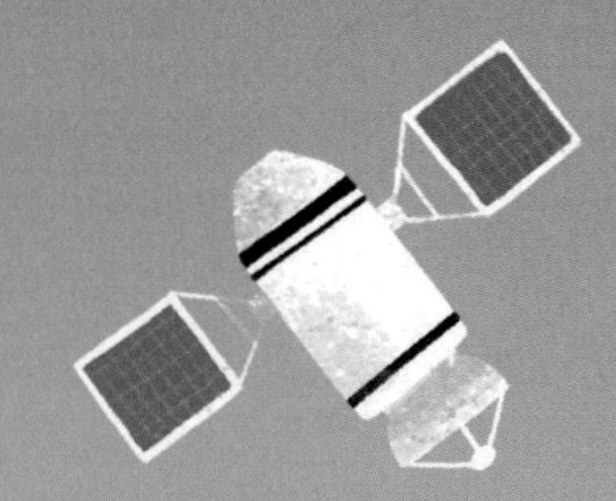

高层大气
50千米
臭氧层
平流层
20千米
12千米
对流层
积云雨

所以我们平常乘坐的飞机都翱翔在大气的平流层。

臭氧层是平流层的一部分，它是由臭氧分子组成的，大多分布在距离地面20—50千米的大气中。它就像一把保护伞，挡住了太阳光中的各种对生物有害的紫外线，使我们得以生存繁衍。臭氧层就像有自动调节温度的功能，在白天，它能减少太阳光照射到地面的热量，不致使气温过高；到了晚上，它能阻止地面的热量向宇宙空间迅速散失，不致使气温骤然降得很低。随着时代的发展和科技的进步，人类的生活过得越来越惬意。炎炎夏日，我们可以舒适地坐在家里，享受着空调吹来的凉风，吃着冰箱里拿出来的冰激凌，屋里屋外仿佛“冰火两重天”。殊不知在我们享受科技便利的同时，空调和冰箱排放出来的氟氯代烷（也就是人们常说的氟利昂）在太阳紫外线的照射下会分解，并和臭氧发生反应，使其浓度降低，从而破坏人类的“保护伞”——臭氧层。臭氧层如果持续遭到破坏，就会形成严重的臭氧层空洞。臭氧层空洞不仅会破坏生物的生存环境，还将直接威胁到人类的身体健康。

大气层还有什么作用呢？小朋友们可以回忆一下，夏天我们买

冰激凌的时候，有些冰箱上面是不是盖着一条厚厚的被子呢？这是为了保温。大气层和被子一样，都能够起到保温的作用。大气层均匀地包裹住地球，让地球就像处在温室之中，为万物生长提供了有利的条件，这就是大气层的保温作用。大气层还可以削弱太阳的辐射作用，吸收红外线和紫外线，保护我们的皮肤不受伤害。

但如今，由于人类无休止的索取，大气层已经不堪重负，温室效应、冰川融化、臭氧层空洞等问题日益严峻，这些都是地球妈妈对我们的警告。所以，我们应当努力保护大气层，守护我们赖以生存的家园。最直接有效的措施就是植树造林，还地球更多盎然绿意。现在，各地政府也出台了一系列的环保措施，比如减少氟利昂、工厂废气、汽车尾气等污染物的排放，倡导绿色出行等。让我们从点点滴滴做起，共同打造一个更加美好、更加清新的生存环境，让地球妈妈变得更加青春、更加亮丽！

查阅相关资料，完成表格，比较一下大气层的分层、特点及作用吧。

名称	与地面的距离	特点	作用
对流层			
平流层			
中层			
热层			
外逸层			

②

天空中的斑斓色彩

天空为什么是蓝色的？为什么在清晨和傍晚时分，天空又变得红彤彤的？洁白的云朵和雨后悬挂在天边的瑰丽彩虹又是如何出现的呢？当你仰望天空时，脑海里会不会冒出一连串的问号？天空中并没有神仙居住，却有值得我们深入探究的科学世界。

“蓝蓝的天上白云飘，白云下面马儿跑……”每天早上，当我们出门上学时，抬头就可以看到蔚蓝的天空和洁白的云朵。那么，你有没有思考过这些看似简单却大有深意的问题：天空为什么是蓝色的？云朵又是怎么形成的？彩虹是天空在为谁“搭桥”呢？

通过上一章，我们知道了地球妈妈的外部有着厚厚的大气层，保护着万物，而蓝天就是太阳光映照在大气层上显示出来的色彩。太阳光是白色的，这种白光是由红、橙、黄、绿、蓝、靛、紫七种颜色的光组成的，就像雨后的彩虹，绚丽夺目。神奇的是，这七种颜色混合在一起，反而呈现出白色。

有七种颜色，为什么天空偏偏是蓝色的呢？这是因为混合了多种颜色的光的太阳光在宇宙中穿梭，经过1.5亿千米的长途跋涉才抵达地球。正当它兴致勃勃地想要普照地球，向万物展示它的美丽光彩时，却遇到了一个强劲的对手——大气层。大气层就像是地球妈妈的铠甲，它由数不清的气体小分子组成，能对太阳光进行吸收、折射和散射。不同颜色的光波长不同，蕴含的能量不同，它们发生散射的概率也不同。其中，蓝光为短波光，能量高；红光为长波光，

能量低。大气层对不同波长的光进行处理，有些被遣返回宇宙中，有些则被吸收，只有部分光能进入地球。七色光就像美丽的七仙女，它们所施展的“法术”也不同。当太阳光经过大气层时，七种颜色的光受到大气层中气体小分子们的不同对待，有些会直接进入你的视野中，如波长较长的红光，它的透射力较强，能透过大气射向地面；有些得在天空中兜兜转转一番，才进入你的视野中，如波长较短的蓝光、靛光、紫光，它们被空气中的氧气、氮气等的气体小分子阻碍，容易向四周散射。其中，蓝色波段的光散射得最多，且人眼对蓝色更为敏感，因此我们看到的天空就是蓝色的啦！

有些小朋友还会有这样的疑问：在清晨或傍晚时，天空被太阳映照得一会儿金灿灿，一会儿红彤彤，一会儿橙色与紫色相间，甚至呈现出各种缤纷瑰丽的色彩，这又是为什么呢？其实，原理是类似的。当太阳刚要升起或即将落下时，太阳光会斜着穿过大气层。由于“进攻”角度发生了变化，太阳光就需要穿过更多的气体小分子。过长的距离使更多的蓝光、靛光和紫光被散射，而偏红色的光没有“迷失自我”，因此能呈现在我们的眼中。这时，天空就闪耀着亮丽夺目的色彩啦！

那么，天空中的白云和雨后悬挂在天边的彩虹又是怎么一回事呢？白云是由水汽产生的。当天空中的水汽过多时，水分子在微尘周围聚集，凝结成小水滴。这些小水滴悬浮在空中，就形成了云。云朵的形状千变万化，一会儿像软绵绵的棉花糖，一会儿像张牙舞爪的小恐龙，一会儿像憨态可掬的大熊猫……我们常说“看云识天

气”，是因为云朵对天气变化有一定的指导意义。有经验的农民伯伯可以根据云朵的形状等特征来预测天气变化，帮助农业生产。

雨后放晴时，彩虹当空的景象总是美不胜收，有时候天空中还会出现双彩虹的奇观，令人惊叹不已。古人曾以神话来解释彩虹这一现象，比如女娲炼五色石补天（彩虹即五色石发出的彩光）的故事等。那么，彩虹到底是怎样形成的呢？为什么彩虹常出现在雨后呢？这是因为雨后，空气中充满了无数小水滴，太阳出来后照射到小水滴上，光线前进的方向和角度就改变了。太阳光经过不同角度的折射和反射后，最终会因色散作用在天空中呈现出如梦似幻的彩虹。在现代都市中，人们往往很少能看到天然彩虹。如何在日常生活中也看到绚丽的彩虹呢？其实，天气晴朗时向空中喷洒水雾，在喷泉中、瀑布中，或者吹出来的肥皂泡里，只要找准角度，你都可以看到美丽的彩虹。

欣赏天空的瑰丽色彩，探索太空的深邃奥秘，是从古至今无数人的梦想与追求。亲爱的小朋友们，让我们天马行空的想象力从蔚蓝的天空开始迸发吧！

科学小实验

动动手，在天气晴朗时制作一道美丽的人工彩虹吧！

实验材料

实验步骤

1. 在喷雾器中灌入适量清水。

2. 在阳光下喷射大量水雾。

3. 找准角度，你将观察到美丽的彩虹。

实验原理

我们已经知道，白色的太阳光实际上是由红、橙、黄、绿、蓝、靛、紫七种颜色的光混合组成的。喷射水雾使空气中充满了小水滴。明亮的太阳光照射到小水滴上，经过不同角度的折射和反射，因色散作用会在天空中形成七彩光谱，也就是美丽的彩虹啦！

③

认识雾霾、沙尘和酸雨

随着经济的迅速发展，工业化和城市化的进程不断加快。在我们的生活水平普遍提高，愈发便捷、舒适的同时，大气污染等问题也日益严峻和突出。大气污染指的是由于人类活动或自然过程导致某些污染物进入大气中，这些污染物呈现出足够的浓度、达到足够的时间、危害人体健康并对环境造成污染的现象。目前，地球正遭受着严重的大气污染，雾霾、沙尘和酸雨等恶劣天气现象频繁出现。雾霾、沙尘和酸雨堪称大气污染的三大“杀手”。它们对生态环境会产生怎样的危害？我们又该如何应对日益严峻的生态挑战呢？

某个清晨，当我们推开窗户，发现外面灰蒙蒙一片，看不见蓝天白云，看不清街道房屋、花草树木，这就是雾霾天气。雾霾是雾和霾的统称，主要由二氧化硫、氮氧化物和可吸入颗粒物组成。为什么会出现雾霾天气？其主要原因有两点。

第一是人为因素。$PM_{2.5}$是形成雾霾的主要“元凶”，使用柴油的大型汽车是排放$PM_{2.5}$的“重犯”。$PM_{2.5}$又称细颗粒物，是指环境空气中空气动力学直径小于等于2.5微米的颗粒物。虽然小型汽车排放的是气态污染物，但遇到雾天，气态污染物容易转化为颗粒污染物，同样会加重雾霾。此外，燃煤产生的二氧化硫、工业生产排放的废气和建筑工地漫天的扬尘等也加剧了雾霾的形成。

第二是气候因素。现代城市里的高楼大厦越来越多，楼宇的阻挡使得风在流经城区时，速度明显减弱，导致空气在水平方向和垂直方向的流动性都非常小。静风现象的增多不利于大气中悬浮微粒的扩散和稀释，容易在城区和近郊区积累，这也加速了雾霾的形成。

雾霾的危害非常大，如影响人体健康、阻碍道路交通等。1952年12月5日至9日，英国发生了“伦敦烟雾事件”。据统计，在短短4

天里，死亡人数就高达4000人。如今，为了防止雾霾污染，我国各地政府纷纷出台了一系列应对措施和政策，如加强空气质量监测和执法力度，出台车辆限行规则，鼓励市民搭乘公共交通，改善能源消费结构，减少煤炭消费比重，并大力倡导低碳生活，树立环保意识。遇到雾霾天气时，我们应尽量少开窗、少出门，适量补充维生素D。若有急事需外出，应戴好口罩，防止吸入粉尘颗粒。

近年来，在政府与民众的共同努力下，我国的空气质量显著改善。2019年5月，由中国科学院合肥物质科学研究院牵头研制的新型“探霾”激光雷达项目，通过了由科技部组织的综合验收。该项目打破了发达国家对激光雷达核心技术的垄断，可实时监测10千米高空范围内的雾霾分布并分析其成分，有助于解析污染成因，精准制订治理雾霾的策略。未来，“蓝天保卫战”将以更先进的技术、更精准的战略进行到底。

风呼呼地吹着大地，卷起厚厚的尘土，沙砾、石子漫天飞舞，空气里弥漫着一股呛人的尘土味。是的，沙尘天气来了。沙尘天气主要分为浮尘、扬沙、沙尘暴和强沙尘暴四类。

沙尘天气的形成主要原因有三个：一是天气原因，遇到大风天气时，沙、尘源分布和干燥的空气等不稳定条件易形成沙尘；二是热力原因，当干旱少雨、气候变暖时，土壤里的沙砾会带负电荷，不能聚集在一起，易形成沙尘；三是人为原因，过度放牧、滥砍滥伐等行为导致地表结构失衡，形成大面积的沙漠化土地，加速了沙尘的形成。

那么，沙尘的危害有哪些呢？首先，它会污染环境。沙尘来临时，天空被土黄色的沙石、浮尘笼罩，空气混浊，呛鼻迷眼。其次，它会影响人们正常的生产生活。沙尘天气下往往天色暗淡，能见度极低。这种阴沉的天气一般会持续几小时到十几小时不等，容易使人心情沉闷，降低工作和学习效率，户外作业也不能正常进行。最后，它还会影响交通安全，损害生命财产。恶劣的沙尘天气往往导致飞机不能正常起飞或降落，汽车、火车车厢的玻璃受损，火车甚至停运，影响人们的正常出行。

防治沙尘天气的有效措施包括大规模植树造林、治理黄土高原水土流失、禁止滥砍滥伐、合理放牧等。为改善生态环境，1979年，我国政府将“三北”防护林工程列为国家经济建设的重要项目。2018年12月24日上午，国务院新闻办公室举行了新闻发布会，有关专家学者介绍了《三北防护林体系建设40年综合评价报告》中的有关情况。据介绍，三北防护林工程建设40年来，三北工程区的森林面积净增加2156万公顷，森林蓄积量净增加12.6亿立方米；水土流失面积相对减少67%，治理效果显著，其中，防护林贡献率达61%；农田防护林有效改善了农业生产环境，提高低产区粮食产量约10%；在风沙荒漠区，防护林建设对减少沙化土地的贡献率约为15%；生态系统固碳累计达到23.1亿吨……从以上数据可以看出，三北防护林工程建设40年以来，风沙危害和水土流失现象得到有效控制，生态环境明显改善，发挥出巨大的生态效益、经济效益和社会效益。

但沙尘的问题显然不是靠一个或几个工程就能治理好的。我们每个人都应加强环境保护意识，尊重大自然，敬畏大自然，取之有时，用之有度。遇到沙尘天气时，我们应当远离高大的建筑物，以及正在施工的建筑物、广告牌、枯树等，防止被高空坠物砸伤。此外，沙尘天气不宜骑车，遇到紧急情况需骑车时，应戴好口罩，注

意减速慢行。

酸雨是指pH值（氢离子浓度指数）小于5.6的雨雪或其他形式的降水，其主要成分是硫酸、硝酸和水。酸雨被人们形象地形容为“地球妈妈的眼泪”，它和温室效应、臭氧层空洞并称为人类面临的三大灾难性挑战。酸雨主要是人为地向大气中排放大量酸性物质而造成的，其中，酸性物质很大程度上是因为大量燃烧含硫量较高的煤而形成的。此外，各种机动车排放的尾气也是形成酸雨的重要原因。

酸雨主要有三类危害：一是会危害土壤和植物。长期的酸雨会加速土壤中的矿物质等营养元素流失，破坏土壤结构，导致土壤贫瘠化，影响植物的正常发育。二是会危害人体健康。酸雨中的二氧化硫、二氧化氮等物质会引发哮喘、干咳、头痛等症状。三是会腐蚀机械、建筑物等。酸雨会溶解非金属建筑材料表面的硬化水泥，产生空洞和裂缝，从而损坏建筑物。建筑材料变脏、变黑，影响城市市容和城市景观，被人们称为“黑壳效应”。

防治酸雨的根本措施在于改进能源利用技术，发展清洁新能源，从而减少硫氧化物、氮氧化物等酸性气体的排放。在污染严重的地

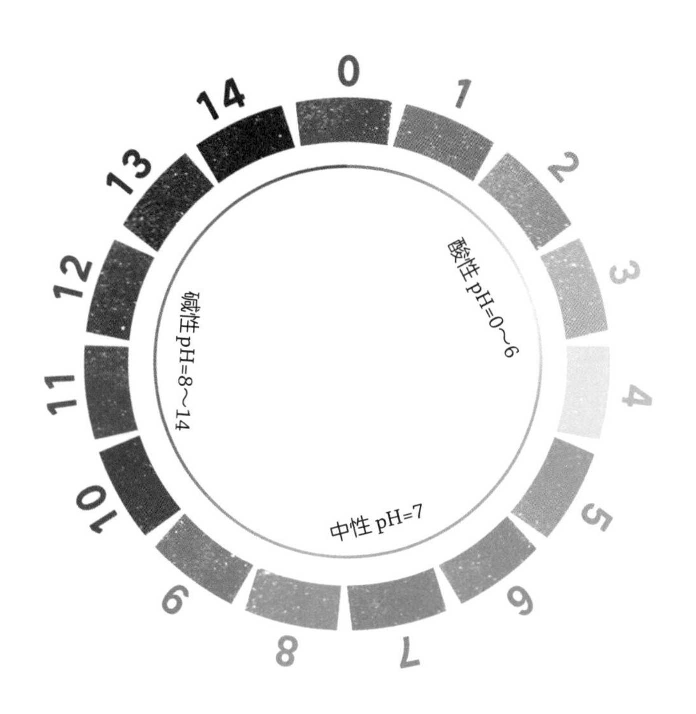

区，可以种植洋槐、云杉、侧柏等树，以吸收二氧化硫，进行生物防治。当下，各地政府正积极地制定相关政策来保护环境，防治酸雨，比如在一些城市实行单双号车辆限行，鼓励市民购买新能源汽车，在农村禁止焚烧秸秆、塑料，禁止使用含硫量高的煤炭，等等。我们也应当从日常小事做起，比如出行时多选择地铁、公交车等公共交通工具；若路程较短，则可以考虑骑自行车或步行前往，既低碳环保，又强身健体，可谓一举两得。

人与大自然是生命共同体。当我们合理利用资源，友好保护大自然时，大自然也会慷慨地回报我们；但如果我们无序开发，粗暴地掠夺自然资源，也必将遭受大自然无情的惩罚。让我们积极行动起来，让生态美景常驻大地，还大自然以宁静、和谐、清新和美丽。

这需要我们共同的努力！

想一想：当雾霾天气、沙尘天气、酸雨天气到来时，我们应当采取哪些措施，保护好自己和家人呢？

④

晶莹剔透的世界——小雨滴和小雪花

相信小朋友们对晶莹剔透的小雨滴和轻盈灵动的小雪花都不陌生。当小雨滴和小雪花作为天空中的信使，洋洋洒洒地飘落下来时，世界总会因为它们的出现而发生翻天覆地的变化。小雨滴和小雪花是如何形成的？它们的出现会给世界带来怎样的改变？

从古至今，小雨滴和小雪花就广为世人所赞颂。比如“天街小雨润如酥，草色遥看近却无”，以及“忽如一夜春风来，千树万树梨花开”等诗句，描写的就是小雨滴和小雪花。它们滋润了世间万物，让这个世界变得晶莹剔透，相信小朋友们对它们也不陌生。

那么问题来了：小雨滴和小雪花是如何形成的呢？

简单来说，由于高空中的温度较低，飘浮在空中的水蒸气遇冷液化为小水滴，或凝华为小冰晶。当小水滴或小冰晶不断聚集，直至空气承载不住时，它们便会从空气中飘落下来，就变成小雨滴和小雪花了。

那么，小雨滴和小雪花是如何拥有足以改变世界的强大魔力的呢？

首先，小雨滴和小雪花在飘落的过程中可以携带空气中的细菌和灰尘，使其沉降到地面上，净化了空气，保护了环境。这也是小朋友们在雨天和雪天过后可以闻到空气格外清新的原因。

其次，小雨滴和小雪花在农业种植过程中也发挥了很大的作用。小雨滴被农民伯伯们称作甘霖，这是因为它的到来可以灌溉农作物，

为干旱的土壤带来雨露，滋润庄稼的生长，极大地提高农作物的产量。小雨滴还能冲刷、疏松土壤，有利于农作物根部的生长。

小雪花也可以为农作物提供水分。它体内少量的矿物元素还能提高土壤肥力，帮助农作物生长。此外，小雪花的导热能力较弱。如果它飘落下来，覆盖在土壤表面，既能减少土壤内部的热量向外界散失，也能抵挡外界寒气向土壤内部入侵，从而使得农作物处于适宜的温度中，安全过冬。而且小雪花本身的温度极低，可以冻死在土壤中越冬的害虫，能给农业生产带来很大益处。因此，人们常

说的“冬天麦盖三层被，来年枕着馒头睡”，就是形容小雪花优秀的保温和杀死害虫的能力。

除了在空气净化、人体健康和农作物保护等方面起着至关重要的作用外，某些严重缺水的干旱地区还建立了水库，将小雨滴和小雪花储存起来，保障人们的日常用水，方便灌溉农作物，进一步提高了它们的利用率。

不过，小雨滴和小雪花有时也会有点儿情绪化，甚至暴跳如雷，给世界带来了一些烦恼。

小雨滴和小雪花的过度出现会导致暴雨、雪灾、雪害等自然灾害的发生，给工农业生产带来巨大的危害，造成惨重的经济损失，甚至会危及人类和其他动物的生命，严重破坏生态系统。比如在2008年1月，小雨滴和小雪花席卷了南方地区的多个省市，引发了大范围的低温、冻害等自然灾害，给人们的生产生活带来了严重的影响。灾害发生后，政府部门积极应对，通过快速扩大救助范围、发放救灾物资等措施，帮助人们尽快恢复了正常生活。

既然小雨滴和小雪花的过度出现会引发这么多灾害，那么人类

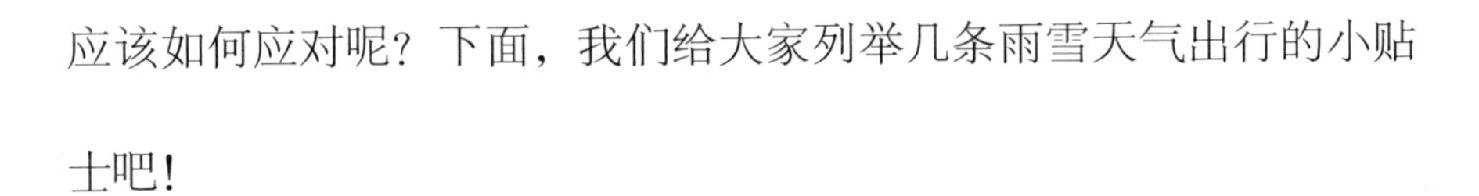

应该如何应对呢？下面，我们给大家列举几条雨雪天气出行的小贴士吧！

防寒	小雨滴和小雪花的出现会使天气变得愈发寒冷，因此小朋友们在出行时要多穿一点儿，注意保暖。
防滑	小雨滴和小雪花的出现可能会使路面结冰，比较湿滑，因此小朋友们在出行时应尽量选择公共交通，步行时要注意放缓脚步，小心滑倒。
防砸	小雨滴和小雪花虽然个个苗条轻盈，但如果数量过多的话，容易压倒树木或建筑物。因此，小朋友们要避免站在大树以及高空建筑物下，以防被砸到。
防摔	小朋友们要避免在湖边或者结冰的路面上玩耍嬉戏，以防摔伤。

小雨滴和小雪花的出现让世界变得更加晶莹剔透、纯净无瑕，为人类提供了更加丰富的人生体验。也正是由于优点与缺点并存，才让小雨滴和小雪花更加生动和鲜活。希望小朋友们可以在小雨滴和小雪花出现时有更多精彩的收获，更多美好的回忆，玩得更开心！

科学小实验

小雨滴的形成过程很神奇。在日常生活中，我们可以通过实验的方法来模拟一场雨。快来看看是如何操作的吧！

实验材料

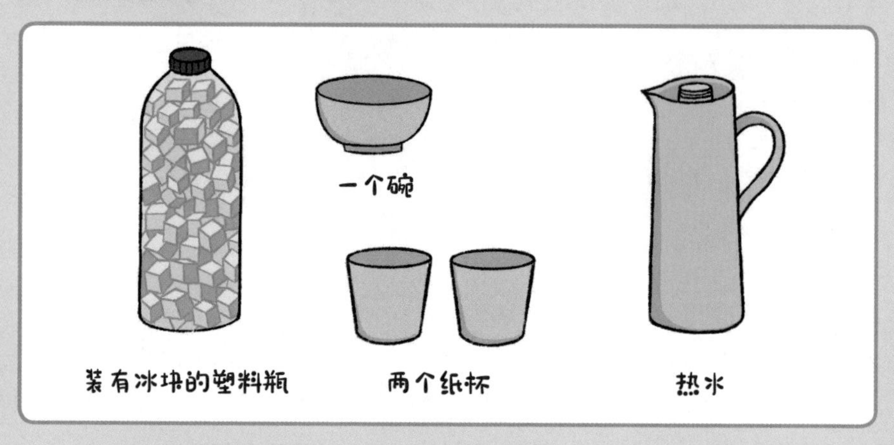

实验步骤

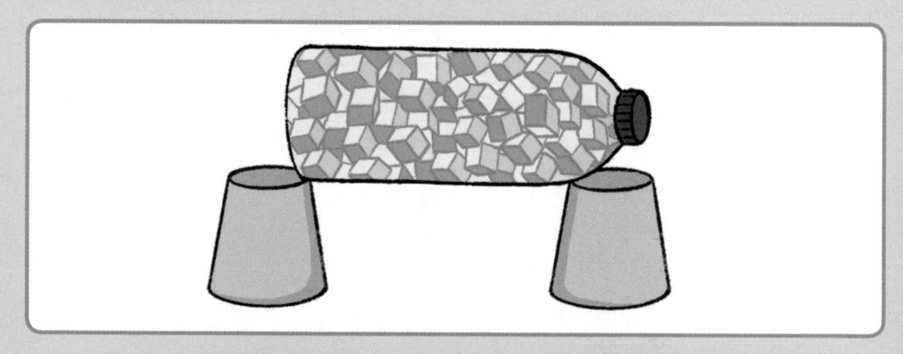

1. 将两个纸杯倒放，将装有冰块的塑料瓶架在纸杯上。

2. 在碗中倒入热水，将碗置于塑料瓶下方。

实验现象

放置一段时间后，装有冰块的塑料瓶下侧的外壁上结满了小水滴，并滴落到碗中。此时，这些小水滴就形成了晶莹剔透的小雨滴。

实验原理

1. 水的蒸发：碗中的水温度较高，会蒸发变成水蒸气。

2. 水蒸气的液化：上升中的水蒸气遇到装有冰块的塑料瓶时，两者存在温度差，水蒸气液化成小水滴。

⑤

镶嵌在地球上的蓝宝石——海洋

在浩瀚的宇宙中瞭望，地球是一个蓝色的星球。她像极了一位裹着白纱、穿着蓝衣的美人，优雅端庄。你知道为什么地球看起来是一个蓝色的星球吗？这些蓝色的物质又是什么呢？让我们一起探讨其中的奥秘吧！

地球其实是一个水球。为什么这么说呢？地球主要由四大洋、七大洲构成，四大洋分别是太平洋、大西洋、印度洋和北冰洋；七大洲分别是亚洲、非洲、欧洲、南美洲、北美洲、大洋洲和南极洲，它们共同构成了地球的外表轮廓。地球表面约29%是陆地，约71%是水，可以说，地球是个陆地较少、水占绝大部分的星球。

水是无色透明的，舀一瓢海水，海水也是无色透明的，可为什么海洋就是蓝色的呢？那是因为阳光是由红、橙、黄、绿、蓝、靛、紫这七种颜色的光组成的，红光、绿光的波长较长，蓝光、紫光的波长较短。长波光的穿透力强，阳光穿透海面进入海水中，红光和绿光不断向海水深处穿透，被其中的微生物及颗粒物质吸收，最终只剩下蓝光和紫光。由于人眼对紫光不敏感，所以海洋看起来就呈蓝色了。海洋虽然一望无际，但海水中通常含有高浓度的氯化钠（即人们平时食用的盐的主要成分）和一些矿物质，导致海水的味道是咸的，不能直接利用。

大家对海洋肯定都不陌生，特别是生活在沿海地区的小朋友们，童年里更是少不了捡贝壳、玩沙子、赶海和鲜美的海鲜大餐等回忆。

但你们知道吗？海洋中蕴藏着丰富的资源，并且在不断地为人类的生存和发展提供动力。21世纪以来，随着人口数量的急剧增加，淡水资源越来越紧张，海洋成为备用的淡水资源库。海洋资源因具有可再生、无污染等特点，受到各国研究机构的重视，为解决淡水危机提供了思路和前景，为人们的日常生产生活保障了最基本的淡水资源。同时，海洋还是个纯天然的食盐加工场。人们在海洋附近建立晾晒场，将海水源源不断地引入盐田中，然后晾晒、加工成我们生活中的必需品——食盐。渤海沿岸的长芦盐场、台湾岛西南沿海的布袋盐场和海南岛西南沿海的莺歌海盐场是我国沿海地区的三大盐场。这些盐场地势平坦、日照充足、海水含盐量高，海盐产量在全国总产量中占据了相当大的比例。

海洋之中还蕴藏着丰富的海洋动物和海洋植物资源。目前已知的海洋动物大约有20多万种，既有微小的单细胞动物，也有庞大的哺乳动物；海洋植物大约有1万多种，既有海藻、海草等藻类植物，又有大叶藻、红树等种子植物。我们平时经常食用的海带、紫菜、裙带菜等都属于海洋植物，它们的营养价值较高且口感好。海洋植物通过光合作用合成有机物，为海洋动物提供了食物来源，对海洋生态的正常循环起着不可替代的作用。

海洋更是一个“钱袋子”，蕴藏着丰富的矿产资源。我国已经在渤海、南黄海、东海等海域发现了大型海底油气田和可燃冰资源，储量可观，有助于缓解我国陆地石油资源日益枯竭的隐患。同时，海底深处还存在一种热液矿床。这种热液矿床富含金、铁、锌等金属资源，又被称为金属软泥，具有极高的科研价值，堪称大自然赐给人类的真正的“金银宝库”。

自古以来，人类就有探索海底世界奥秘的愿望。2020年6月，中国首台作业型全海深自主遥控潜水器“海斗一号”，在西太平洋的马里亚纳海沟成功完成了首次万米海试与试验性应用任务，最大下潜深度10907米，刷新中国潜水器最大下潜深度纪录，同时填补了中国万米作业型无人潜水器的空白。

党的十八大、十九大以来，在建设“海洋强国”战略的引领下，我国的海洋事业不断发展，海洋科技创新的步伐不断加速。为加快发展深远海、大洋、极地通用技术，突破海洋调查、探测工程技术与装备开发“瓶颈”，一批“大国重器”应运而生。比如“深海巨兽”——“蓝鲸1号”海上钻井平台、“极地精灵”——“雪龙号”和“雪龙2号”极地考察船等，不断刷新人类对蓝色星球的认知，守护着蓝色国土的安全。

2020年10月15日，中国海洋经济博览会在深圳开幕。我国自主设计研制的首艘载人潜水器支持母船“深海一号”携带“蛟龙号”、亚洲最大的重型自航绞吸船“天鲲号”应邀来到深圳，供市民免费参观。公众可以亲身感受中国海洋科技创新发展的蓬勃实力和万丈豪情。

海洋是大自然馈赠给我们的“蓝宝石”，我们要坚持走可持续发展道路，合理地开发、利用海洋资源，不过度掠夺资源，不打破海洋生态平衡，努力做到人与自然和谐共处，共同呵护这颗熠熠生辉、流光溢彩的“蓝宝石”。

蔚蓝深邃的大海凝结着人类数不尽的幻想，激励着一代又一代人乘风破浪，探索未知，也给予古往今来的作家们无限的想象，创作了一部部与海洋有关的文学作品。你读过下列文学名著吗？完成表格，说说作家们笔下的海洋有什么不同吧！

书名	作者	主要内容	对海洋的认识
《海底两万里》			
《鲁滨孙漂流记》			
《老人与海》			
《海的女儿》			
《白鲸》			

⑥

越喝越渴——海水为什么不能喝

从太空俯瞰我们赖以生存的家园——地球时，你会看到一个漂亮的蓝色星球，星球上蔚蓝色的部分是占地表面积约71%的海洋。遗憾的是，海水虽然非常多，但却又咸又苦又涩，无法直接饮用。你知道这是为什么吗？

地球的总面积约为5亿平方千米，其中约29%是陆地，其余约71%是水。如此多的水，使得地球堪称名副其实的“水球”。既然如此，为什么水资源还是如此匮乏呢？原来，地球上的水尽管总量庞大，但能被人们直接利用的却少得可怜。首先，海水虽然面积广阔，但却不能饮用，不能浇地，也难以用于工业生产。其次，地球

上的淡水资源——能够直接被我们利用的水资源，仅占总水量的不到3%。而在这极少的淡水资源中，又有70%以上被冻结在南极和北极的冰盖中，再加上难以获取的高山冰川和永冻积雪，人类真正能够利用的淡水资源只有江河湖泊和地下水中的一小部分。由此可见，全球的淡水资源十分短缺，而且地区分布也很不平衡。

那么，海水为什么不能喝呢？这得从海水的组成说起。一方面，海水中含有大量盐类和多种矿物质，其含量远超人体所能承受的范围。另一方面，海水中还含有氯化镁、硫酸镁、碳酸镁及含钾、碘、钠、溴等各种元素的其他盐类。其中，氯化镁是点豆腐用的卤水中的主要成分，味道是苦的。综上所述，含盐量很高的海水喝起来自然是又咸又苦了。此外，人体的组织液、细胞液也都是含有氯化钠的“盐水”，它们通过“抢”水分子的方式把水分从肠道输送到每一个细胞中。要完成这个过程，饮用水、血液、组织液和细胞液的浓度必须逐渐升高才行。任何一环“掉链子”，都会导致想要“喝水”的细胞最终反而因失水而“渴死”。海水的含盐量一般为人体体液的3倍以上，也就是说，海水的浓度远高于人体体液的浓度。由于水会从浓度低的溶液向浓度高的溶液转移，因此，如果喝海水，人体是绝对不可能“抢”到水分子的。相反，人体内原本就不多的水还会被进入肠道内的高浓度海水“吸收”，如此一来，反而加剧了人体的缺水程度，从而引发脱水症状。所以，海水不能直接饮用，反而会越喝越渴。

虽然海水不能直接饮用，但是我们能否通过一些技术手段降低海水的含盐量，补充淡水资源呢？答案是肯定的！海水淡化是一个将咸水转化为淡水的过程，最常见的方法就是蒸馏法与反渗透法。

接下来，让我们一起去探索海水淡化的奥秘，大开眼界吧！

由于淡水资源短缺正逐渐成为制约人类社会可持续发展的全球性问题，作为有望缓解淡水资源危机的重要手段，海水淡化技术在过去半个多世纪以来取得了长足的进步，发展出了一批诸如多级闪蒸法、低温多效蒸馏法、反渗透膜法等关键技术，同时带动了设备建造所需关键材料与工艺的开发。

近年来，我国有关部门和沿海地方政府扎实推进海水利用工作。中国海水淡化在石化、核电、钢铁等行业的推广应用取得成效，自主设计建设工程的规模快速增长。其中，位于山东省青岛市的董家口海水淡化工程作为中国首个自主研发、设计、建设的大型海水淡化工程，备受业界瞩目。该工程实现了关键技术和设备的国产化，打破了长期以来海水淡化膜技术的国际垄断，对我国的海水淡化产业与水资源战略具有里程碑意义。

根据自然资源部海洋战略规划与经济司发布的《2019年全国海水利用报告》，截至2019年底，全国现有海水淡化工程115个，工程规模达每日1573760吨，其中新建成海水淡化工程17个，工程规模达每日399055吨，相比2018年有了大幅增长。海水直流冷却、海水循环冷却的应用规模也持续增长。

我国将继续齐心协力，乘风破浪，开启海水淡化、海水利用的新篇章。

科学小实验

动动手，一起制作一个利用蒸馏法淡化海水的简易装置吧。

实验材料

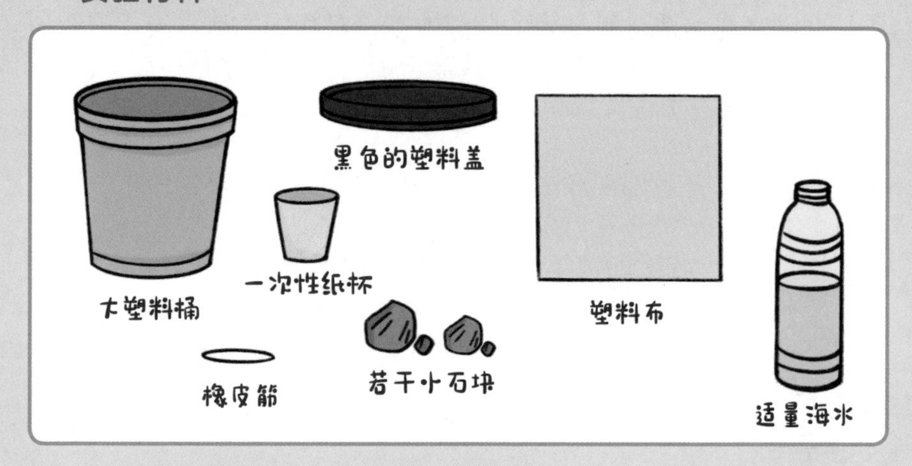

实验步骤

1. 在大塑料桶里面放入黑色的塑料盖，增加太阳辐射的吸收。再放入一个一次性纸杯，注意将纸杯放置在黑色塑料盖的正中间。

2. 往桶内倒入海水，注意不要把海水倒进纸杯。

3. 在桶上盖上塑料布，用橡皮筋扎牢固定。

4. 在塑料布上放置若干小石块，使塑料布下陷，最低点正对纸杯中央，但注意不要碰到纸杯。

5. 耐心等待海水蒸发，小水珠会凝结在塑料布上，然后滴进纸杯。

实验原理

在阳光的照射下，密闭在大塑料桶中的海水受热蒸发，形成水蒸气。水蒸气上升到桶的顶部时，遇到塑料布，凝结成小水滴。小水滴在自身重力的作用下沿着小石块下压的方向流动，积少成多，滴入小石块下方的纸杯中，从而得到了一杯淡化后的海水。由于阳光加热海水的过程特别漫长，所以整个实验需要很长的时间（2—4小时）。小朋友们要耐心地观察实验现象，并做好记录。成为一个小小科学家吧！

⑦

奔腾在地球上的蛟龙 —— 河流

河流也被人们称为“地球的动脉”，是指降水或由地下涌出地表的水汇集在地面低洼处，在重力作用下经常地或周期性地沿流水本身造成的洼地流动的水流。它可以接纳和汇集地表水，连接内陆和海洋，是自然界能量流动和物质循环的一个重要途径。河流就像是奔腾在地球上的蛟龙，绵延不绝，滋养万物。

我国拥有丰富的河流资源。提到河流，我们首先想到的就是黄河。黄河是中国人的母亲河，它发源于青藏高原的巴颜喀拉山北麓的约古宗列盆地，流经青海、四川、甘肃、宁夏、内蒙古、陕西、山西、河南及山东九个省(自治区)，最终流入渤海。由于河流中段流经黄土高原地区，夹杂了大量的泥沙，黄河也被称为世界上含沙量最高的河流，这也是它的名字的由来。

说到黄河，不得不提到的还有长江。长江发源于青藏高原的唐古拉山脉各拉丹冬峰西南侧，全长6387千米。在世界大河中，长江的长度仅次于非洲的尼罗河和南美洲的亚马孙河，居世界第三位。

尽管我国的淡水资源总量较多，可是按人均占有量来看的话，还是较低的，仅为世界人均占有量的四分之一左右。所以，请不要浪费日常生活中的每一滴水。

由于我国南北水资源分布不均，古老的先贤们在春秋时期就开凿、修筑了名震世界的京杭大运河。京杭大运河南起杭州、北至北京，是世界上里程最长、工程量最大的古代运河，也是最古老的运河之一，与长城、坎儿井并称为我国古代的三项伟大工程，并且使用至今。它是古代劳动人民智慧的结晶，也是我国文化地位的象征之一。运河对我国南北地区之间的文化交流和经济发展，特别是对沿岸地区的工农业经济的发展，都起到了巨大的推动作用。

不过，“蛟龙”有时也会闹脾气。于1949年和1954年发生的长江流域特大洪水，洪峰来势之猛，洪水水位之高，汛期之长，受灾范围之广，均为历史罕见，威胁到长江中下游地区人民的生命安全，给国家财产造成了重大损失。但这也促使了集防洪、航运、抗旱、发电、种植等多种功能于一体的长江三峡水利枢纽工程这一伟大设想的萌芽。

历史上，长江中下游地区洪涝灾害频发，兴建三峡工程是中华民族治水兴邦的百年梦想。三峡工程是目前世界上最大的水利枢纽工程，它全面发挥了防洪、发电、航运和水资源利用等综合效益，为长江经济带高质量发展提供了基础性保障，有力地推动了我国现代化建设。

目前，三峡工程的研究成果已在国内外大中型水利水电工程中得到广泛应用，成为我国走向世界的一张新名片。三峡工程是中国人民富于智慧和创造性的典范，是中华民族日益走向繁荣强盛的象征。

此外，由于我国北方水资源短缺，以“四横三纵”为主体而总体规划布局的南水北调工程应运而生。南水北调工程充分运用了看得见的无人机和看不见的大数据、互联网、物联网等高科技手段，保障着千里南水一路向北奔涌，润泽北方大地，更好地造福沿线的人民群众。

正是因为水资源如此重要，我们在日常生活中更要为保护水资源贡献自己的一份力量。首先，我们要树立惜水意识，节约用水，比如用完水后一定要记得拧紧水龙头。其次，我们要提高水资源利用率，减少水资源浪费，比如用淘米水浇花，用洗衣、洗菜的水或者洗澡水等冲洗马桶。正所谓“不积小流，无以成江海”，让我们携手并进，让奔腾在地球上的蛟龙永远活力四射，生机勃勃。

1. 我国许多河流的流向均是自西向东，比如黄河发源于青藏高原的巴颜喀拉山北麓，最终注入渤海；长江发源于青藏高原的唐古拉山脉各拉丹冬峰西南侧，最终汇入东海；澜沧江发源于青海省唐古拉山脉东北部，最终流入南海……这是为什么呢？

2. 在古代，成都平原的水旱灾害非常严重，古人采取了哪些措施使其成为如今富饶的“天府之国”呢？

⑧

水会离开我们的星球吗

当我们向地面洒水时，不论环境的温度高低，水最终都会蒸发消失。水孕育着地球这个蔚蓝色星球上的全部生命，为丰富多彩的生命活动提供了必不可少的物质基础。那么，会不会有一天，所有的水都蒸发殆尽，彻底离开我们的星球呢？

水会离开我们赖以生存的星球吗？答案是否定的。水在地球上有三种存在形式——液态水、水蒸气和冰。在阳光的照射下，江、河、湖、海以及植物表面的一部分液态水会逐渐升温，变为水蒸气。由于单独的水分子的重量小于空气的重量，所以水分子会像氢气球一样不断向高空飘。

在前文中，我们已经知道了对流层内的平均海拔每升高1千米，气温就会下降6.5摄氏度。水分子在不断升高的过程中，所处环境的温度越来越低。水蒸气开始逐渐液化成小水珠，就像夏天我们从冰箱里拿出一瓶饮料，不一会儿饮料瓶子上便遍布小水珠一样。小水珠相互融合，变得越来越大，到了一定程度便会从空中落下来，形成降雨。在冬天，小水珠还来不及充分融合便被寒冷的空气冻住，变成晶莹剔透的小冰晶，从而降下鹅毛大雪。落在地上的降水一部分继续吸收太阳光的能量而蒸发，另一部分则渗透到地下，随着地下水注入江、河、湖、海，滋养自然万物。这就是16—17世纪法国科学家佩罗和马略特所发现的独特的物质循环——水循环。水循环是联系地球各圈层和各种水体的“纽带”，是水资源分布灵活的“调节器”，为世界万物提供充沛的水资源。

虽然自然界中的水可以有效循环，但需要注意的是，水的循环是指在全世界范围内保持蒸发与降水的平衡，不代表每一个地方都能享受到充足的雨水滋润。举例来说，我国东南沿海地区普遍降水较多，每到夏季甚至会遇上电闪雷鸣的狂风暴雨天气；但在西北内陆的沙漠中，却整天烈日炎炎，一年到头几乎看不到几滴雨水。此外，由于海水含盐量较高而无法直接被人类饮用，因此，维持人类生产生活正常运转的淡水资源更显得尤为珍贵。

我国的水资源严重短缺，人均水资源占有量仅为世界人均占有量的四分之一左右。随着经济社会快速发展，我国水资源短缺、干旱缺水等问题也日益突出。

近年来，国家、地方政府纷纷出台了一系列政策措施，为水资源调度、配置、节约、保护等保驾护航，提供重要支撑。为了合理利用淡水资源，弘扬“珍惜水、爱护水、节约水”的价值观，2013年底，浙江省响应中央号召，做出了以治污水、防洪水、排涝水、保供水、抓节水这五个方面为核心的“五水共治”重大决策，为保证城市供水安全、改善河湖水质和流域生态环境做出了积极贡献。

对淡水资源的合理统筹规划是保障人民安居乐业的重要一环，我们应增强全民节水意识，践行有力举措，努力把绿水青山建得更美，把金山银山做得更大，让绿色成为全国、全世界最动人的色彩。

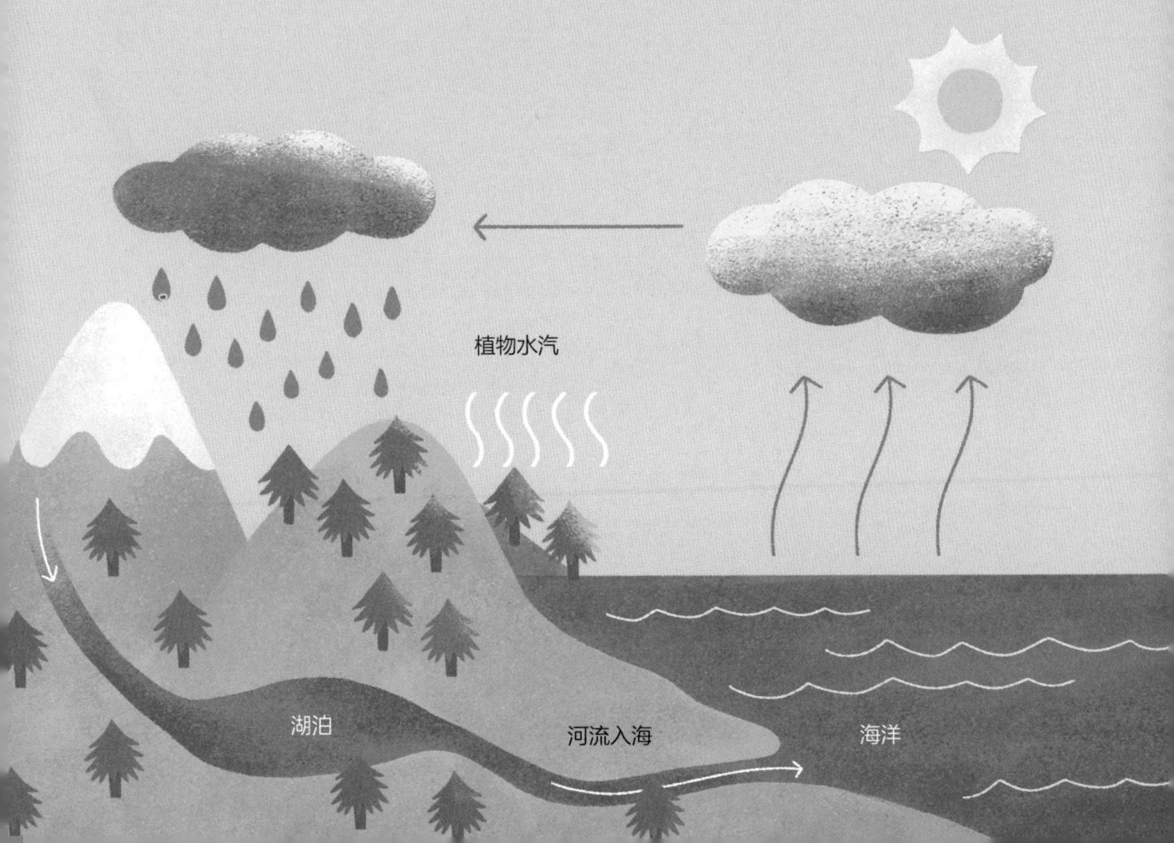

水是生命的源泉，水循环让地球充满活力，生机盎然。通过阅读本文，你一定对水循环有了初步了解，试着画出水循环示意图吧！

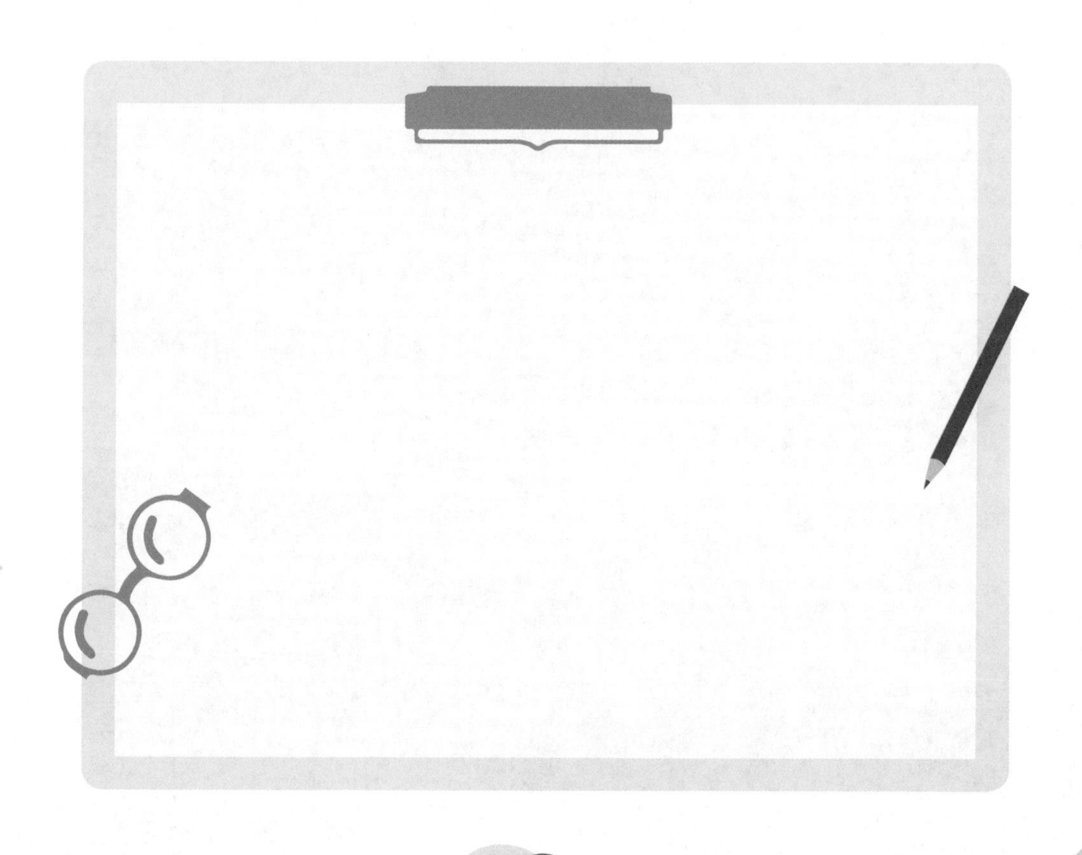

⑨

地球妈妈的四种性格

和人一样，地球妈妈的性格也很多变，四季就是她的四种性格。春季，风是温和的，雨是轻柔的，就像一个温文尔雅的淑女，言谈举止间透露着亲和柔美。夏季是酷热的，时常伴随着狂风暴雨，就像一个热情似火的辣妹子，对万事万物都充满昂扬的激情。秋季是收获的季节，庄稼丰收，温度适宜，宛如一个平易近人的大姐姐，让身边的人倍感舒心愉悦。寒冷的冬季，万物沉寂，就像一个高贵的“冰山美人”，给人一种无法亲近的疏离感。那么，地球妈妈为什么会有这四种不同的性格呢？

春季是四季之首，是一年的开始。这一时节的温度变化很大，特别是在乍暖还寒和冷暖骤变之时，可以令人在一天之内感受到分明的“四季”。由于春季冷暖空气交替频繁，导致空气干燥并多伴有大风，北方易出现沙尘暴天气，南方易出现低温阴雨天气。我们要时时关注天气变化，注意防范，避免发生呼吸道感染、风湿病、关节炎等疾病。在天气稳定、阳光灿烂的时候，去郊外踏春是个不错的选择。

夏季给我们的第一印象是热。这是一年中最热的时候，但可不是一个“热”字就能简单地概括夏季的。在夏季，内陆地区多干燥酷热，沿海地区多潮湿闷热。夏季是一年中降水量最多的季节，我国大部分地区的降水都集中在夏季，在部分地区甚至还会出现大到暴雨。夏季也是一年中气候变化最剧烈的季节，有时还会出现冰雹、雷雨、洪涝、干旱、台风等灾害性天气，给人们的生产生活带来不同程度的影响。天气炎热时，我们要多喝水，尽量避免在白天进行长时间的户外活动，以免中暑。在夏季，植物由于得到了充足的阳光照射而成长得很快，西瓜、荔枝等水果都在夏季成熟，我们可以大饱口福啦!

秋季为一年四季之中的第三季。到了秋季，温度开始下降，但是降温的速度不快。到了比较冷的深秋时节，由于昼夜温差较大，水蒸气会在夜晚凝结成露或霜，所以二十四节气中会有寒露、霜降等节气。此时，原本青翠欲滴的绿叶也换上了“新装”，别有一番风情。红如云霞的枫叶和灿若黄金的银杏叶都是秋季的专属美景，千万不要错过哦！当然，秋季也是大丰收的季节。秋风乍起时，麦浪荡开，稻草扑鼻，为秋天增添了更多绚丽缤纷的色彩。

冬季为四季之末，是一年里最冷的季节。北方地区多寒冷干燥，但室内普遍装有暖气，因此室内室外的温差很大，外出时一定要注意防寒保暖，同时也要常喝热水补充水分。南方地区多湿冷，一般通过空调或者电暖器取暖。冬季万籁俱寂，但也有一些植物（如松树和梅花）依然卓然挺立，成为冰天雪地里别致的美景。

为什么地球会有如此分明的四季更迭呢？首先，我们要介绍几个概念，来帮助小朋友们理解地球有四季变化的原因。四季的形成是地球绕太阳公转（地球绕着太阳运动）的结果。赤道平面是一个

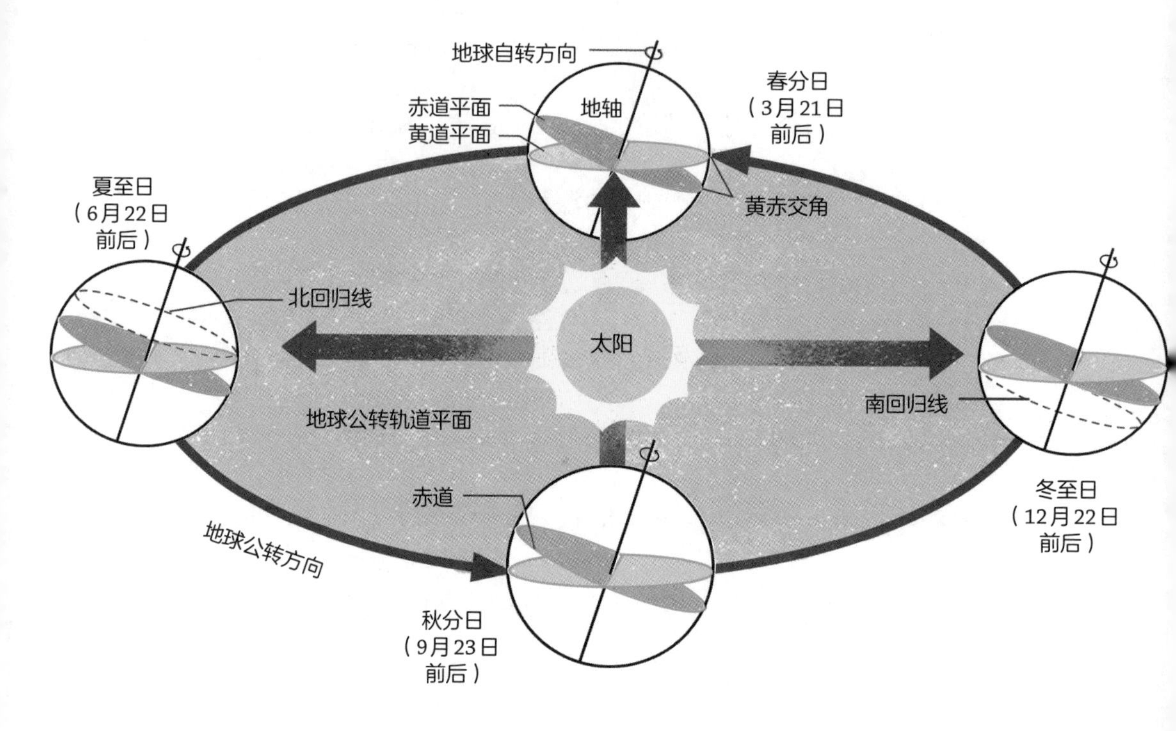

将椭球体的地球拦腰平分的平面，赤道则是它的切割线。正午时分，太阳光与地平线的夹角被称为正午太阳高度角。地球的自转（地球自身运动）围绕地轴，但是与地轴垂直的赤道平面和地球公转轨道平面（即黄道平面）间存在一个交角，叫作黄赤交角，角度为23°26′。这就导致地球在公转时，正午太阳高度角会不断变化，夏季时最大，冬季时最小，春、秋季时则介于两者之间。当太阳光垂直照射我们时，我们得到的热量肯定比太阳光斜一点照射时得到的热量更多。结果就是夏季昼长夜短，温度较高，冬季相反，春、秋季则比较平衡。总的来说，四季现象是地球自转和公转共同作用的结果。

亲爱的小朋友，现在你摸清楚地球妈妈的“脾性”了吗？

小明要去澳大利亚上学，他在夏天的时候前往澳大利亚，带了许多冬天的衣服。而当中国在过新年时，他却在澳大利亚穿着短袖、短裤和家人视频聊天。想一想：这是为什么呢？（友情提示：可以从澳大利亚在地球上所处的位置来思考。）

参考答案详见第126页。

⑩

黄色的？黑色的？红色的？地球妈妈的“花衣裳”

说到日常生活中最常见的五颜六色的事物，你最先想到的是什么？是绚烂的落霞，还是美丽的彩虹？没错，它们都是多彩的。不过，你有没有低下头来，观察过我们脚下土壤的颜色呢？其实，土壤也是多彩的，有东北地区的黑土、长江以南地区的红壤和黄壤，川渝地区的紫色土等。土壤看起来黑乎乎的，其实可是有着黄、白、蓝、深蓝、灰蓝、青、灰白、黄棕、红棕、暗棕等各种颜色，令人叹为观止。究竟是什么神奇的魔法把土壤“涂抹”得这么多姿多彩呢？让我们一起来了解一下吧！

土壤指地球表面的一层疏松的物质，由各种颗粒状矿物质、有机物质、水分、空气、生物等组成，适宜植物生长。土壤不仅为植物的根系提供了固定场所，容纳其生长所需要的水分和营养物质，也为动物和微生物提供了家园，是整个陆地生态系统的基础。

如果我们把土壤剖开，从侧面看，从上到下大致可以分为三层：表土层、心土层和底土层。最上层是表土层，这一层的肥力较高，植物的根系也非常密集；第二层是心土层，它的养分含量较低，植物根系较少，但却可以起到保水、保肥的作用；第三层是底土层，它几乎不受到耕作的影响，植物根系极少。如果底土层的质地黏重、紧实，它也可以起到一定的保水、保肥的作用；但如果质地较轻、结构松散，则容易出现漏水、漏肥的现象。

接下来，我们来了解土壤的不同类型。土壤的体系相当庞杂——从颜色上来说，常见的有黑土、红壤、黄壤、棕壤等；以颗粒大小来分，可分为砂土、壤土和黏土。此外，还有很多其他的分类方式。之所以有不同颜色和颗粒大小的土壤，除了与土壤的发育过程有关外，很大一部分原因是土壤含有的微量元素及有机养分不

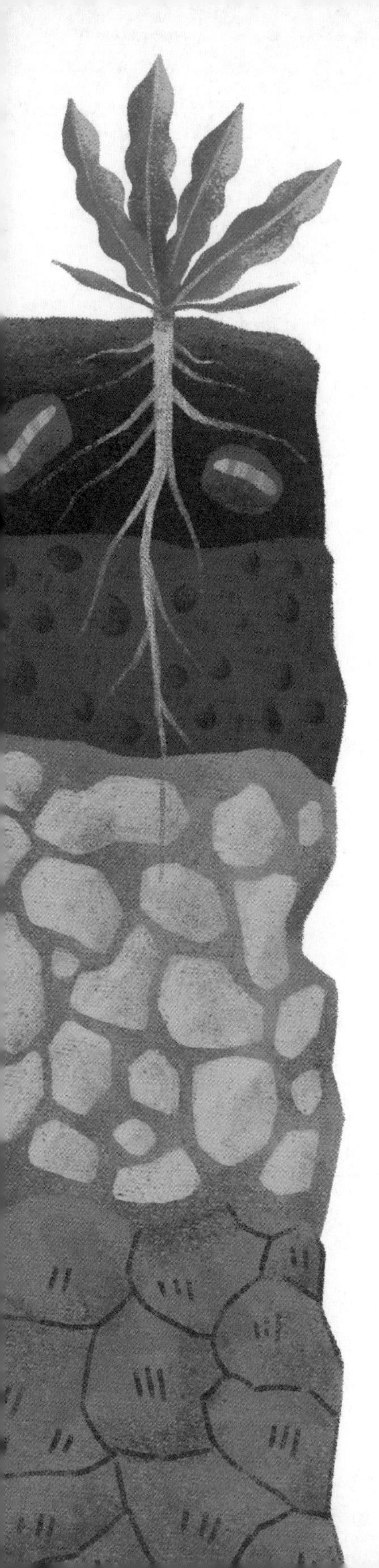

同。不同颜色的土壤分别适宜不同的作物生长，比如黑土适宜种植大豆、玉米，红壤适宜种植棕榈、茶树，黄壤适宜种植马铃薯、高粱。除此之外，土壤还可以固存产生温室气体的碳，可以作为建筑物的支撑材料，也可以作为蚯蚓等土壤动物及微生物的安身之所，是陆地表层最大的生物多样性的保存场所。

土壤为地球万物的生存发展做出了巨大的贡献，你是否对脚下的土壤有了新的认识呢？其实，和淡水资源、森林植被一样，如果我们不好好爱护的话，土壤也是会“生病”的。长期以来，由于我国的经济发展方式较为粗放，产业结构和布局也不尽合理，污染物排放总量居高不下，再加上大量使用化肥、农药等，部分地区的土壤污染问题严重，对农产品的质量安全和人们的身体健康构成了严重威胁，加强土壤污染防治已经刻不容缓。

近年来，我国土壤防治取得了重要进展。2016年5月28日，国务院印发了《土壤污染防治行动计划》。2019年1月，《土壤污染防治法》正式实施。“十三五”以来，全国关停涉重金属行业企业1300余家，实施重金属减排工程900多个。

然而，土壤防治仍面临着艰巨的任务和严峻的挑战。土壤污染除了具有隐蔽性、滞后性、累积性和不可逆转性等共同特征外，还具有基数大、类型多、面积广、污染信息不清楚等个性特点，导致土壤污染问题较多。因此，我们应当树立正确的土壤保护意识，从技术、制度等方面不断加以完善。

亲爱的小朋友，现在你知道什么是土壤，为什么土壤有那么多种颜色，应该如何照顾“生病”的土壤了吧？土壤是地球妈妈的“花衣裳”，也是我们人类生存的乐土，大家可一定要悉心爱护它哟！

请采集一些土壤，根据自己所学的知识和采集经验，想一想：土壤的质地是软的还是硬的？土壤里有什么东西？试着在采集的土壤中种植一些植物，看看它们能否健康存活。快把你的观察记录和观察心得写下来吧！

⑪

熊大熊二的大森林

提起动画片《熊出没》，你的脑海中会不会浮现出光头强乱砍乱伐的可恶模样和熊大熊二保护大森林的正能量举动的画面呢？我们都知道，森林与它所在空间的非生物环境有机地结合在一起，构成了完整的生态系统。森林拥有丰富的物种、复杂的结构和多样的功能，是地球上最大的陆地生态系统，是全球生物圈中的重要一环，被誉为“地球之肺”。

什么是森林?

聪明的你一定会马上想到，森林就是许许多多的树木。其实不仅如此，森林是以木本植物为主体的生物群落，是集中的乔木与其他植物、动物、微生物和土壤之间相互依存、相互制约，并与环境相互影响，从而形成的一个生态系统。

你知道吗？一棵树如果不受到自然灾害或人为破坏的影响，一般可以存活数十年乃至数百年之久，更何况广袤无垠的森林呢！森林有着极为漫长的生命和演替周期，从灌木阶段开始到成熟稳定的森林阶段，这段原生演替通常要经历百年以上的时间。

森林不仅是大自然的瑰宝，也是我们人类的财富。首先，森林是大自然的“调度师”。森林调节着自然界中空气和水的循环，影响着气候的变化，保护着土壤不受风吹雨打，减轻着环境污染给人类带来的危害。其次，森林是“地球之肺”。它吸收二氧化碳，释放氧气，使空气清新洁净，还为我们提供了丰富多彩的林产品，可作为食物、医药的原料。最后，森林还有助于涵养水源、改善水质、美化环境以及保护野生动植物等。由此可见，森林是名副其实的“绿

色宝库”，我们的生息繁衍都离不开它。

森林具有非凡的社会价值、自然价值、人文价值和经济价值。它如同温柔的母亲，无私、宽容地哺育着人类。但从1万多年前的新石器时代，人类开始发展粗放畜牧和进行刀耕火种时起，森林植被就开始遭到破坏了。随着社会的发展和科技的进步，人们毁林开荒、辟林放牧、兴建城镇，使得森林的面积不断减少，生态环境日益遭到破坏。

在全球森林资源持续减少的背景下，我国森林面积和蓄积量持续实现“双增长”。“十三五”期间，我国持续推进大规模国土绿化，森林、草原、湿地、荒漠等生态保护修复力度不断加大，为有效应对气候变化做出积极贡献。统计数据显示，截至2020年12月17日，我国森林覆盖率已达到23.04%，森林蓄积量超过175亿立方米，草原综合植被覆盖度达到56%，我国成为维持全球森林覆盖面积基本平衡的主要贡献者。

联合国粮食及农业组织于2020年7月发布的2020年《全球森林资源评估》报告，也充分肯定了我国在森林保护和植树造林方面对全球的贡献。这份报告指出，近10年中国森林面积年均净增加量全球第一，且远超其他国家。

“雄关漫道真如铁，而今迈步从头越。”健康的生态系统是可持续发展的保障。让我们像保护眼睛一样保护生态环境，像对待生命一样对待生态环境，为把祖国的生态环境建设好、保护好而贡献自己的力量，让沙漠长出“秀发”，让荒山披上“绿衣”，筑起一道道保护家园的“绿色长城”，创造一个个“荒漠变绿洲”的绿色传奇。

1. 想一想：假如全世界每人每年种一棵树，50年后，森林的数量会有怎样的变化呢？

2. 关于保护森林资源和提高森林覆盖率，你还想到哪些切实可行的有效措施呢？和小伙伴们一起探讨吧！

⑫

随处可见的植物

餐桌上美味的蔬菜、马路边高大的树木、公园里绚丽的花草，它们都是植物。地球上还有哪些植物呢？植物为人类和动物提供能量，可植物的能量从哪里获取的呢？它们又是怎样在生态系统中参与生态循环的呢？

在自然界中，凡是有生命的机体，我们都称其为生物，包括动物、植物、细菌、真菌和病毒等。其中，我们把能固着生活和自养的生物称为植物。植物对于我们来说并不陌生，爽口的蔬菜、繁茂的森林、绿油油的小草等都是植物，一些我们很少注意到的灌木、蕨类、绿藻、地衣等也是植物。植物一般由根、茎、叶、花、果实、种子六大器官构成。

植物广泛分布于自然界中，是大自然不可或缺的一部分。在生态系统中，科学家将生物划分为生产者、消费者和分解者三种角色。生产者是指能通过光合作用将太阳能转变为化学能的绿色植物，消费者主要是指包括我们人类在内的大部分动物，分解者是指细菌、真菌等具有分解能力的生物。由这三种角色的生物构成的生物群落与其生存的环境共同组成一个生态系统，小到一个池塘、一片树林，大到整个生物圈，都可称作一个生态系统。生态系统中的每一部分都相互依存、相互制约，比如小草从太阳和土壤中获得能量，小羊吃小草，它们死后由分解者分解，重新回归大自然。在这个过程中，物质在循环，能量在流动，维持了良好的动态平衡。在生态系统中，

每一部分都是不可或缺的，而植物在其中发挥着尤为重要的作用，它是所有生物的能量来源。植物以土壤为支撑，吸收其中的水分和氮、磷等基本养分，通过光合作用，利用太阳光将大气中的二氧化碳转化为糖分，供自身和其他生物生长。植物看似不起眼，却默默地守护着我们的家园，维持着生态系统的均衡发展，为地球的美丽繁荣做出了无可替代的贡献。

植物除了为生命发展提供能量，也是重要的工业原料，人们的吃穿用度都离不开它。小到纸张，大到工具、家具等，都可以看到植物的身影。植物还有美化环境、调节温度、降低风速、减少噪音、防止水土流失等一系列功能，堪称我们美丽家园的支撑者和守护者。

作为生态系统的初级生产者，植物几乎是生态系统中能量及有机物质的最初来源，在涵蓄水源、调节气候、保持水土、吸收和分解污染物、维持全球自然生态平衡和稳定、支撑人类发展等方面具有至关重要的作用。我国是世界上植物多样性最丰富的国家之一，中国人民自古崇尚自然、热爱植物，中华文明中包含着博大精深的植物文化。但近年来，由于栖息地丧失、生态环境破碎化、资源过度利用、环境污染、外来物种入侵及全球气候变化等因素，有许多植物受到了日益严重的威胁。

每一种生命都值得尊重。中国在保护丰富多样的植物资源方面做了大量工作，有效保护了90%的植被类型和陆地生态系统，以及65%的高等植物群落，推动我国野生植物保护事业取得了显著成效，获得了国际社会的广泛好评和一致认可。

我们要从身边的点滴小事做起，爱护一草一木。让我们走出家门，迈开脚步，去森林、湿地、身边的小公园里，一起欣赏美丽的景致，呼吸清新的空气，倾听自然的声音，感受植物的心跳吧！

植物是我们的能量来源。我们吃的苹果、葡萄是植物的果实，土豆、红薯是植物的根，小白菜是植物的叶，黄豆、绿豆是植物的种子。想一想：我们在日常生活中常吃的瓜果蔬菜分别是植物的哪一部分呢?

⑬

哪些植物可以吃

亲爱的小朋友，我们先来猜一个谜语：“身体白又胖，常在泥中藏。浑身是蜂窝，生熟都能尝。”你猜到它是什么了吗？没错，答案是藕。藕生长在泥里，它既是一种植物，也是一种食物。和藕一样可以食用的植物还有很多。接下来，我们就来看看哪些植物可以吃。

植物具有丰富多彩的食用价值，可以说浑身是宝。接下来，我们具体介绍几种可食用的植物。

无花果在日常生活中很常见。无花果是一种桑科榕属植物，我们吃的其实不是它的果实，而是花序托。它的质地细腻肥厚，口感软糯香甜，含有丰富的营养成分。无花果不仅可以新鲜吃，还可以烘干做成果脯、茶片、纯天然无花果干等多元化延伸产品。无花果的叶子还是一味中药，有去湿热、清热解毒的功效。

紫菜蛋汤是餐桌上常见的一道家常菜。紫菜不仅味道鲜美，而且富含膳食纤维、多种维生素和微量元素，有助于保持肠道健康、软化血管、降低胆固醇、预防心脑血管疾病、提高免疫力等。

每年6—7月，杭州西湖的荷花进入盛放期。西湖水域管理处湖面养护队的工作人员会划着菱桶，疏摘荷叶，采摘莲蓬，以促进荷花生长。摘下的荷叶和莲蓬则会面向市民售卖，引发市民们一波波的抢购热潮，堪称地地道道的西湖“限量版”特产。荷叶有减肥降脂、抗氧化等功效。以荷叶为原材料制作的荷叶蒸鸡、荷叶饭等，也是令人垂涎欲滴的美食。

杭州市西湖景区内盛放的荷花

虽然很多植物都可以食用，但我们千万不能大意，因为不是所有的植物都可以吃。我们在食用之前，一定要辨别清楚哪些植物可以吃，哪些植物不可以吃。有毒的植物广泛分布在自然界中，是大自然不可缺少的一部分。如果不慎接触到，可能会引发疾病甚至导致死亡，后果不堪设想。我们在武侠小说中，就经常能看到有毒植物的身影。

山菅的果实小巧玲珑，看起来貌不惊人，但其全草具有毒性，如果不小心误食的话，可能会出现腹泻、食欲不振及精神萎靡等症

状，严重时甚至会呼吸困难而死。含羞草看似温柔，但也含有一定的毒性。如果长期接触含羞草，会出现眉毛稀疏、头发变黄甚至脱落等症状。

每逢夏季，我国云南省都会迎来野生菌采摘上市的时节，而此时也正是当地误食有毒野生菌的高发季。云南人民对野生菌情有独钟，每年为了吃菌，不惜跋山涉水。野生菌更是招待客人的美味佳肴，但美味的背后却暗藏“杀机”。从2020年5月至7月20日，云南省已经发生了273起野生菌中毒事件，导致12人死亡。

如果我们缺乏辨别野生菌是否有毒的能力，最安全的方法就是不随意采摘和食用野生菌。若我们食用，则应注意避免多种类野生菌混杂，烹饪加工时一定要烧熟煮透，严禁生吃凉拌，不宜同时饮酒。食用野生菌后，如果出现头昏、恶心、呕吐、腹痛、腹泻、烦躁不安、幻觉等症状，应当第一时间到最近的医院就诊，千万不要耽误就医时间。

由此可见，在美丽惊艳、富有传奇色彩的植物背后，既有令人回味无穷的惊喜，也隐藏着很多不为人知的危险。所以，在日常生活中，我们要睁大眼睛，学会辨别植物，做一名会辨、会吃的资深小“吃货”！

多种多样、色彩缤纷的食物总是令人胃口大开。食物多样是保证我们人体营养均衡的必要条件。但也有人会说："食物多样会造成食物相克，这样反而对身体不好，我可不敢乱吃！"在日常生活中，我们经常能听到"菠菜和豆腐一起吃容易得胆结石""鸡蛋与牛奶一起吃容易不消化""柿子与螃蟹一起吃容易引起腹泻"等"伪科学"说法，"食物相克"的理论被说得头头是道。但这些说法其实并不完全正确。查阅相关资料，看看哪些"食物相克"的说法是谣言，应当采取什么破解之法。让我们一起揭开"食物相克"的真正面纱吧！

⑭

和动物们做朋友

大家听过《小狮子爱尔莎》的故事吗？故事中的主人公乔伊在一次偶然的机会下，收养了一头刚出生两天的小狮子，给它取名为“爱尔莎”。一人一兽在朝夕相处的生活中建立起深厚的感情。但爱尔莎兽性难改，最终，乔伊恋恋不舍地将爱尔莎放归大自然。

你饲养过宠物吗？比如小狗、小猫、小金鱼、小乌龟等。虽然它们被统称为动物，但是你有没有思考过它们是如何分类的呢？

一般来说，我们可以根据动物的骨骼特征，也就是脊椎骨的有无，将动物分为脊椎动物和无脊椎动物。脊椎动物最显著的特征是有脊椎骨或脊柱支撑身体，包括圆口类、鱼类、鸟类、爬行类、哺乳类和两栖类。小朋友们常养的小乌龟就是爬行类脊椎动物。无脊柱动物，顾名思义，是指背侧没有脊柱的动物，它们是动物的原始形式，包括环节动物、节肢动物、软体动物等。蜈蚣就是典型的无脊椎动物，它的身体由许多体节组成，每一节均长有步足，运动起来异常灵活。其貌不扬的蚯蚓也是典型的无脊椎动物。蚯蚓能够松土挖穴，还能分解土壤中的许多物质，为土壤中微生物的生长、繁

殖创造良好的条件，在土壤改良、消除公害、保护生态环境等方面发挥着巨大的作用。

想象一下，假如地球上没有动物，那会是什么样的呢？由于人类对自然资源无节制的开采、掠夺，导致环境污染加剧，再加上全球气候变暖等因素，大量动物从地球上消失了。

有研究人员称，在整个20世纪，全球至少有543种陆生脊椎动物灭绝了，而在未来20年内将灭绝的物种数量，可能会与20世纪100年的时间中物种灭绝的数量不相上下。动物与人类的命运息息相关，保护动物就是保护我们赖以生存的生态系统。

中国的传统文化中一直都有保护动物的思想，从先秦时期就开始有记载，认为人要对动物怀有悲悯、同情与仁爱。中国是世界上野生动物种类最丰富的国家之一。近年来，我国采取了一系列保护野生动物的举措，赢得了国际社会的广泛关注和高度赞扬。

圆滚滚的“国宝”大熊猫的生存状况一直牵动着全世界人民的心。20世纪80年代，我国政府与世界自然基金会合作，为拯救大熊猫，在四川卧龙建立了“中国保护大熊猫研究中心”。经过多年的不

懈努力，研究中心在大熊猫的科研和保护领域取得了重大进展，为大熊猫科研和保护事业做出了重要贡献。2016年，世界自然保护联盟宣布将大熊猫的受威胁等级从“濒危”下调为“易危”。这表明大熊猫的濒危状况得到了有效改善，中国为濒危物种的保护树立了一个良好的典范。

那么，我们能够做些什么呢？

首先，我们一定要遵守国家颁布的一系列保护动物的相关法律法规，拒绝食用野生动物。随着人民生活水平的提高，一些利欲熏心的人将野生动物端上了餐桌，这不但违反了《中华人民共和国野生动物保护法》等法律法规，而且野生动物携带的一些未知病毒可能会给人类的健康带来风险。其次，我们去动物园游玩时，应当提前学习动物保护知识，遵守动物园的规章制度，不随意向动物投食、扔东西，尽量避免在夜晚对动物进行拍照。因为在夜晚，手机、相机的闪光灯会对动物产生强光刺激，造成伤害。最后，我们应该从小树立保护动物的良好意识，与动物们做朋友。我们要尊重、理解、关爱它们，呵护它们的生息繁衍，这也是在保护我们的地球，保护我们自己。

如今，青少年一代已经成为了动物保护事业的主力军。我们在

充满热情、斗志昂扬的同时，也要保持科学、理性的头脑，学习动物保护知识，传播动物保护理念，理性地投身动物保护活动。人与自然是命运共同体，我们要同心协力，在发展中保护，在保护中发展，共建万物和谐的美丽家园。

1. 憨态可掬的大熊猫深受全世界人民的喜爱，是动物界人气颇高的“明星”。想一想：大熊猫属于哪一类动物呢?

2. 我国的野生动物种类十分丰富，除了大熊猫，华南虎、金丝猴等许多珍贵、濒危野生动物均为我国特有。查阅相关资料，了解一下上述野生动物的特点和近况，以及我国为了促进野生动物种群实现恢复性增长，采取了哪些积极有效的措施。

⑮

看不见的微生物

很多小朋友都喜欢喝酸奶，因为它口感醇厚、酸甜可口。其实，酸奶是利用牛（羊）乳或乳粉通过乳酸菌发酵而成的发酵乳制品。乳酸菌可以帮助我们的肠道维持微生态系统的平衡，从而改善肠胃功能、提高食物消化率、提高机体免疫力等。但是，为什么我们在喝酸奶的时候看不到这些乳酸菌呢？

乳酸菌是微生物大家族中的一员。微生物家族的共同特征是我们用肉眼看不见或者看不清，需要借助光学显微镜或电子显微镜才能观察到。微生物普遍个头小、生长快、繁殖能力强、分布范围广且家族成员众多。其中，大部分微生物都是单细胞生物，如我们外出玩耍后手上沾的细菌；小部分是多细胞生物，如味道鲜美的蘑菇；还有一些没有细胞结构，如会导致我们发烧、咳嗽的流行性感冒病毒。微生物广泛分布在空气中、水中、土壤中，甚至是人体内，可以说是无处不在。那么，微生物到底是有益的，还是有害的？它们对我们的生活又有哪些影响呢？

我们经常吃馒头和面条，但你有没有想过，为什么馒头比面条蓬松得多呢？这就要提到对我们有益的微生物——酵母了。酵母是一种单细胞微生物，它的主要成分是蛋白质，并且富含人体必需的氨基酸，还有一些有助于抗衰老、提高人体免疫力的矿物质。因此，我们在发面的时候加入酵母，利用它的呼吸作用进行发酵，不但可以改善面食的口感，还可以提升其营养价值。分布在大自然中的微生物还会分解动植物的残体。可以说，微生物每天都在帮我们清理

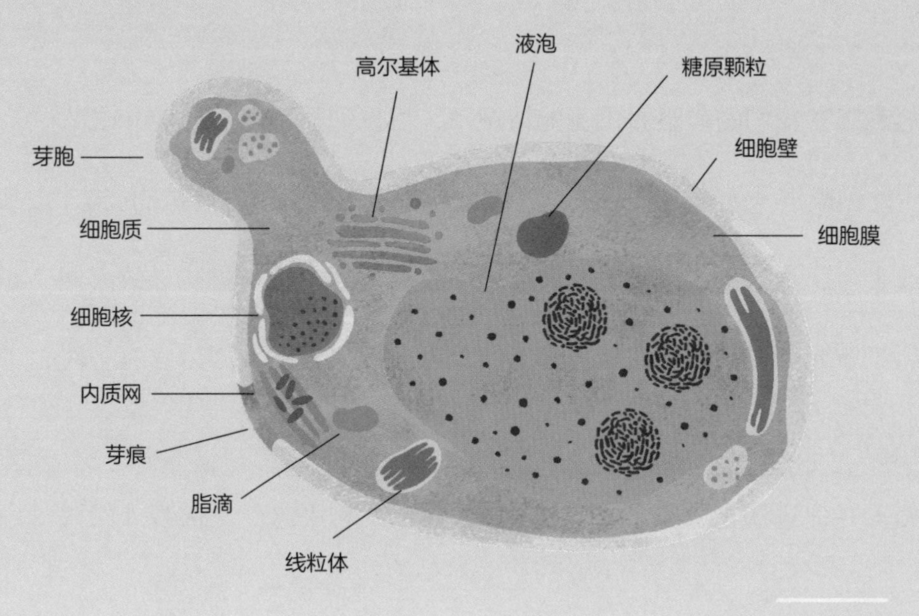

酵母菌结构示意图

地球，是名副其实的生态环保小卫士。

2020年的农历春节可能是小朋友们过得最不红火的新年了——“宅家”和“口罩”成为2020年的年度“热词”。考完期末考试，准备欢度寒假的“神兽们”猛然发现，疫情当前，形势严峻。爷爷奶奶、外公外婆家的团圆饭取消了，和小伙伴们玩耍的约定失效了，出去旅行的希望落空了，外出时还要戴上口罩和护目镜来保护自己。那么，这一切的始作俑者——新型冠状病毒（简称新冠病毒）到底是什么呢？其实，它也是一种微生物，但它对我们的人体有害。新冠病毒在我们的肉眼看不见的情况下，可以通过嘴唇、鼻腔和眼睛中的黏膜进入人体内。所以，病毒携带者咳嗽或打喷嚏产生的飞沫，或者与病毒携带者接触后没及时洗手就揉眼睛，都有可能导致人们感染新冠病毒。为什么新冠病毒的危害如此之大呢？因为它有一件“伪装外衣”——病毒受体（指能特异性地与病毒结合、介导病毒侵入并促进病毒感染的宿主细胞膜组分）。利用这件“伪装外衣”，

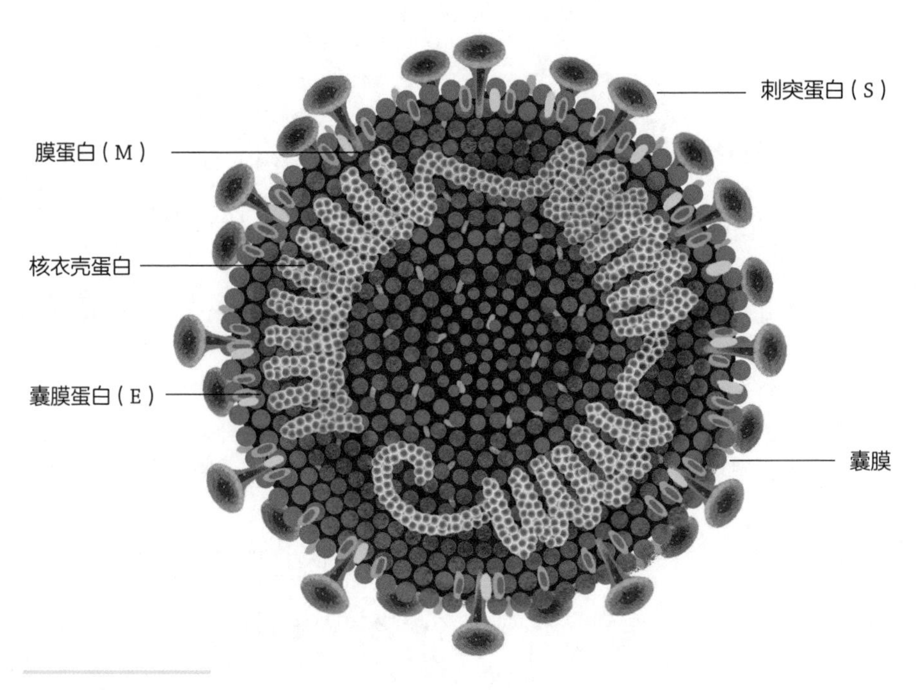

新冠病毒模式图（参考中国数字科技馆的模式图绘制）

病毒可以轻松地侵入细胞内部，然后在细胞内大量制造自己的“士兵”。等到时机成熟时，病毒便在人体内发动“战争”，“攻打”我们的肺部。不过，小朋友们也不用害怕，医护人员会用专业的医疗设备和药物帮助那些感染新冠病毒的患者战胜病毒，早日康复。我们只要对病毒有正确的认识，做好防护措施，勤洗手，勤消毒，就能保护好自己和家人。

除此之外，在日常生活中还存在一些其他因微生物而引起的疾病。人们常说“病从口入”，如果我们在吃新鲜的水果时不先洗手，或者没有仔细清洗水果，手上的细菌或者水果表皮携带的细菌就会进入我们的口腔，进而到达我们的体内，引起身体的各种不适，危害我们的健康。

从香醇的酸奶、松软的馒头，到由病毒引发的疾病，微生物在我们的生活中无处不在。我们感谢那些对我们有益的微生物，也感谢一代又一代科学家们的不懈努力。正是因为科学技术的日新月异、不断进步，才让我们可以通过光学显微镜、电子显微镜看到它们的样子，了解它们的作用，从而合理地利用它们，使它们成为人类不

可或缺的朋友。但也有一些“调皮”的微生物在给我们出难题，这就需要我们保持理性、客观，对微生物有更深入的了解。这样，即使面临风险与挑战，我们也能从容应对。小小的微生物也蕴含着别有洞天的大学问，让我们一起携手努力，共同去探索这个神秘的大千世界吧！

1. 你都知道哪些微生物呢？请列举几个常见的微生物的例子。

2. 你知道应该如何预防新冠病毒肺炎吗？

⑯

铲屎官的自我修养

亲爱的小朋友，你知道生态环境是什么吗？生态环境是“由生态关系组成的环境”的简称，是指与人类密切相关的、影响人类生产生活的各种自然（包括人工干预下形成的第二自然）力量（物质和能量）和作用的总和，比如阳光、空气、温度、土壤、水，还包括我们的肉眼看不到的微生物、生活在野外的野生动物，以及日常生活中常见的家禽、宠物等。接下来，让我们一起了解一些关于动物的知识吧！

日常生活中常见的小狗、小猫、小兔子、小仓鼠等小动物不但是生态环境的组成部分，也是很多家庭中不可或缺的小成员。随着生活水平的不断提高，人们开始追求精神上的乐趣，寻求小动物的陪伴。小动物们凭借自己活泼可爱的外形和古灵精怪的行为深受人们的喜爱，与小主人一起成长，陪伴小主人度过美好的童年时光。饲养小动物不仅可以给小朋友们的生活增添乐趣，还能培养小朋友们的责任心和担当意识。

一、忠诚善良的“汪星人”—— 狗

我们走在街上经常可以看到不同种类的狗，你知道狗是如何分类的吗？一般来说，狗按照体形大小可分为超小型犬、小型犬、中型犬、大型犬和超大型犬。常见的超小型犬有吉娃娃等；小型犬包括贵宾犬、西施犬等；柴犬、哈士奇、拉布拉多犬等属于中型犬；大型犬则有藏獒、金毛寻回犬、阿拉斯加雪橇犬等；超大型犬有大白熊犬、大丹犬等。

我们在喂养狗时应该注意什么呢？首先，喂养狗时一定要坚持

雪白的萨摩耶犬

定时、定量、定质、定点、定温的原则。定时就是根据狗的饮食需求，选择特定的时间点来喂养；定量就是控制狗的食量，不宜过多也不宜过少；定质就是保证狗的饮食质量，保障营养均衡；定点就是固定狗的饮食地点；定温就是狗的食物应保持恒温，不宜过热或过冷。除此之外，小朋友们还应该注意定期给狗注射狂犬疫苗，以免危害人类的身体健康。还要记得定期给狗驱虫，预防寄生虫感染。

优雅的喜乐蒂牧羊犬

在决定养狗、选择狗的品种之前，一定要先了解你所在的城市是否有禁止饲养大型犬的规定。由于大型犬体形较大，管理、控制起来较困难，有时还可能伤到人，所以很多城市、社区都有禁止饲养大型犬的规定。因此，在选择时要仔细考虑哦。

二、古灵精怪的“喵星人”——猫

猫也是我们在日常生活中最常见的宠物之一，你知道猫有哪些类型吗？猫通常可以按其体形大小分为小型猫、中型猫和大型猫。

小型猫包括新加坡猫、东方猫等；中型猫包括苏格兰折耳猫、波斯猫等；大型猫包括布偶猫、英国短毛猫等。另外，不是所有的猫都有毛，比如加拿大的斯芬克斯猫就是一种光秃秃的无毛猫。

在喂养猫的过程中需要注意，不能让猫过于偏爱某种食物。我们要根据猫的饮食习惯、所需营养来提供食物，比如适量的牛奶可以给猫提供所需的水分和碳水化合物，适量的鱼肝油可以给猫补充维生素和矿物质，适量的肝脏可以给猫补充钙和磷等营养元素。

可爱的英国短毛猫

作为猫的小主人，我们要对它们的健康负责，定期带猫做检查、打疫苗。众所周知，猫是一种很爱干净的动物，所以我们要勤给猫洗澡、梳理毛发、清洁眼睛和耳朵，做好卫生工作。除此之外，我们还要定期给猫修剪指甲，防止它因指甲过长而抓伤他人、挠坏家具。

除了狗和猫，还有许多小动物也很讨人喜爱，比如身材娇小的仓鼠、活泼伶俐的兔子、色彩缤纷的鹦鹉等。这些小动物的存在不仅对维持生态环境的平衡起着重要作用，同时也是对人们心灵的抚慰。万物有灵且美，每个小动物都是大自然的恩赐。一旦下定决心饲养小动物，我们就应当认真、科学、负责地照顾它们，因为每一个生命都值得被尊重和歌颂。让我们珍惜生命，敬畏生命，与大自然、动物和谐共处，努力创造一个更欣欣向荣、欢歌笑语的未来。

狗的身份有很多，它们不仅是我们日常生活中的暖心陪伴者，很多时候还扮演着保护人类、帮助人类的角色。比如，性格温顺的金毛寻回犬在经过严格的训练后，可以成为导盲犬，带领视力残疾人士出行；拉布拉多犬聪明机敏，常被训练成搜救犬，参与各类救援行动……除此之外，你还能想到哪些工作犬种呢？

⑰

本土生态系统的外来客

葡萄、胡萝卜、马铃薯……这些曾经的“外来物种”如今早已融入我们的生活。正确地引入物种，不仅会增加生物多样性，还会极大地丰富人们的物质生活。不过，随着经济全球化的发展，一些“不怀好意”的物种也搭乘国际贸易的“便车”，堂而皇之地“登堂入室”。近年来，我国外来物种的入侵数量呈上升趋势，目前已发现660多种外来入侵物种，成为世界上遭受外来物种入侵危害最严重的国家之一。

对于原来在当地没有自然分布，因为迁移扩散、人为活动等因素出现在其自然分布范围之外的物种，我们一般称之为外来物种，也就是“外来客”。这些外来客的到来对本土生态系统会有什么影响呢？

随着国家间、地区间的交往日益频繁，外来物种正在全世界范围内蔓延。外来物种的入侵渠道趋多样化，总体来看，主要包括自然入侵、无意引进、有意引进三大类。

自然入侵是指通过气流、风、水流或昆虫、鸟类传带，使植物种子、动物幼虫或卵、微生物发生自然迁移而造成生物危害。比如紫茎泽兰、微甘菊、草地贪夜蛾等都是自然入侵我国。紫茎泽兰到处疯长，它的种子随风飘扬，到处传播，非常容易扩散。

无意引进是经常发生的、比例最大的入侵途径。一方面，在开展一些活动时，人类没有意识到可能会携带和传入外来物种；另一方面，过去掌握的知识不够丰富，难以识别潜在的外来物种，从而导致外来物种入侵事件的发生。

有意引进是指人类有意识地实行引进。世界各国出于农业、林业和渔业发展的需要，往往会有意识地引进优良的动植物、微生物品种，但其中风险与挑战并存。由于缺乏全面综合的风险评估制度，世界各国在引进优良品种的同时，也引进了大量有害生物，如水花生、福寿螺等。这些外来入侵物种改变了原有物种的生存环境和食物链，在缺乏天敌制约的情况下极易泛滥成灾。

近年来，外来物种的入侵在我国的涉及面越来越广。全国多个省份都有物种入侵事件的发生，涉及农田、森林、湿地、草地、岛屿、城市等几乎所有的生态系统。

根据生态环境部于2020年6月发布的《2019中国生态环境状况公报》显示，全国已发现660多种外来入侵物种。其中，71种对自然生态系统已造成威胁或具有潜在威胁，并被列入《中国外来入侵物种名单》。针对67个国家级自然保护区外来入侵物种的调查结果表明，215种外来入侵物种已入侵国家级自然保护区，其中，48种外来入侵物种被列入《中国外来入侵物种名单》。

一些外来入侵物种正逐渐成为当地新的优势种群，危及当地的生物多样性和生态安全，造成了巨大的经济损失。同时，伴随着跨境电商和国际快递等新业务发展，生物入侵渠道也更趋多样化，造成的生态安全问题明显增加。20世纪70—80年代，美国白蛾进入我国辽宁丹东，因其极强的繁殖力、惊人的食量，给生态环境及农作物带来了严重破坏。2004年首次出现在广东湛江的红火蚁，原产于南美洲。这种蚂蚁繁殖力强、习性凶猛、竞争力强，严重威胁到当地的农林业生产、人畜健康、生态环境、社会安全等。从自然生态的角度来看，红火蚁攻击其他昆虫、鸟类、鸟蛋等，对生态环境破坏很大。小龙虾被很多人视为餐桌上的美味，但在贵州威宁草海国家级自然保护区，小龙虾的泛滥已成为一种灾难。这里的小龙虾泛滥聚集，吃鱼虾、水草，打破了草海的生态平衡。入侵云南大理洱海的福寿螺原产于中美洲的热带和亚热带地区，有“巨型田螺”之称。福寿螺食量大、繁殖力强，极易破坏湿地生态系统和农业生态系统。

不过，人类也采取了相应的措施，来应对这些“外来客”“不怀好意”的入侵。辽宁省林业和草原局充分采取“立体防治”的手段，通过人为增加自然界中美国白蛾的天敌数量、人工剪网、无公害防治和飞机防治等措施，让美国白蛾成了“瓮中之虫”。2018年，辽宁省完成美国白蛾防治作业面积417.45万亩，成灾面积为0，总体控制效果明显。为彻底清除福寿螺、确保生态系统安全，云南省大理市人民政府已于2020年7月4日发布通告，在洱海流域全面开展福寿螺防控工作，打响消灭福寿螺的“保卫战”。为了保护钱塘江及两岸区域的自然资源、人文资源，2020年7月31日，浙江省第十三届人大常委会第二十二次会议批准了《杭州市钱塘江综合保护与发展条例》，明确提出禁止在钱塘江及两岸区域内的开放水域养殖、投放外来物种或者其他非本地物种种质资源。

抵御外来物种的入侵任重而道远。在未来，我国还将通过完善立法、推广普及防治方法、加强科普与防范力度、持续加大口岸检疫查验力度、加强国际合作等方式，守好“国门”，有效防范。我们也要充分掌握相关知识，努力成为生态环保小卫士哦！

玉米、红薯、西红柿、西瓜、无花果等粮食作物都是外来物种，它们不仅没有造成危害，反而让我们获得了巨大的益处。外来物种真是让人又爱又恨。想一想：你还知道哪些“美好善良”的外来物种呢？

⑱

大自然的馈赠

“丁零零……”伴随着清脆悦耳的闹铃声，我们睁开朦胧的睡眼，新的一天又开始了！洗脸刷牙完毕后，我们吃着美味的早餐，喝着香浓的牛奶，准备迎接新的一天。在这平淡而又不平凡的早上，我们已经在不知不觉间享受到了水、植物等自然资源，它们都是大自然的馈赠。除了这些，无私的大自然还给予了我们哪些呢？

在日常生活中，我们每天口渴时喝的水、饥饿时吃的蔬菜肉类，都是自然资源。在上学途中，我们脚踩的大地、大路两旁的树木、绿化带中的鲜花、翩翩起舞的蝴蝶和忙碌的蜜蜂等都是自然资源。自然资源随处可见，是我们赖以生存的保障。

自然资源指的是自然界中存在的、人类可以直接获得并用于生产和生活的物质。水就是自然界赠予我们的宝贵资源，也是最常见的一种自然资源。我们洗手时用的水、吃饭时喝的汤、商店里卖的饮料等，这些都用到了水。树也是一种常见的自然资源。不过，由树制成的木材就不属于自然资源了，而是加工制造的原材料。

大到石油、煤炭、天然气，小到水、蔬菜、水果，如此多的自然资源，它们有什么区别呢？

总体而言，自然资源可以分为可再生资源和不可再生资源两种。其中，可再生资源是指能够通过自然力以某一增长率保持或增加蕴藏量的自然资源，是“取之不尽、用之不竭”的，比如水资源、植物资源、微生物资源等。

不可再生资源也叫不可更新资源，是指在人类开发利用之后，相当长的时间内不能再生的自然资源，比如土壤资源、矿石资源等。土壤孕育植物，这些植物有的作为食物，为人类和其他动物提供能量；有的长成参天大树，为地球防风固沙。人类不合理地开发和利用土壤，会导致土壤被破坏、被污染，造成土壤的成分、结构、性质和功能变化，如失去肥力、净化能力，或者沙漠化等，这些都是短期内不能恢复的。

可再生资源是可以再生的，那么我们就能随意、无节制地使用吗？不可再生资源在相当长的一段时间内不可再生，那么我们还能继续使用吗？

可再生资源虽然能够再生，但不代表我们就能不加限制地随意

使用，这些资源同样需要我们的悉心保护。野生动物也属于可再生资源。2008年北京奥运会的吉祥物之一——福娃迎迎便以野生动物藏羚羊为蓝本，赞扬其能在严酷环境下生存的顽强生命力。藏羚羊是青藏高原上的独特风景线，是国家一级保护动物。每年5月至7月，来自青海三江源、西藏羌塘、新疆阿尔金山等地的藏羚羊，便会陆续迁徙到被称为“藏羚羊产房”的青海可可西里卓乃湖产崽。从7月下旬开始，产崽结束的藏羚羊便会携带幼崽，陆续返回原栖息地。20世纪70年代以来，受气候变化、不法分子盗猎等因素影响，藏羚羊的数量从原来的20万只一度锐减到不足2万只。如今，得益于反盗猎执法行动的持续开展和生态环境保护力度的持续加强，藏

羚羊种群数量目前已恢复到7万多只。它们平静而悠闲地繁衍生息，如同辽阔天地间跃动的精灵。

虽然不可再生资源在短期内不能得到恢复和再生，但我们仍然可以继续使用。煤炭就是其中的典型代表。煤炭是古代植物埋藏在地下，经历了复杂的生物化学变化和物理化学变化逐渐形成的，被誉为“黑色的金子”。如今，煤炭主要被用于燃烧供热和供电。但是，地球上的煤炭资源始终有限，一直使用煤炭供热、供电不是长久之计。在开采、使用煤炭资源的同时，也会产生地表塌陷、水资源污染、大气污染、固体废弃物污染等问题。当前，我国的能源消费总量位居世界第一，持续且高速增长的能源消费导致的能源危机与环境安全问题日益突出，新能源的开发与利用成为解决这些问题的重要措施和途径。

新能源又称非常规能源，是指除传统能源之外的各种能源形式，也指刚开始开发、利用或正在积极研究、有待推广的能源，如太阳能、地热能、风能、海洋能、生物质能和核聚变能等。

“十二五”以来，在市场环境、政策环境以及国际气候环境的驱动下，我国新能源产业进入高速发展期。这一阶段，我国新能源装备制造能力位居世界前列，关键技术取得了突破，发展速度令全球瞩目。

近年来，我国新能源汽车发展迅速，自2015年起连续五年产销量居世界首位。新能源汽车产业正进入加速发展的新阶段。这一产业不仅能为各国经济增长注入强劲的新动能，也有助于减少温室气体的排放，应对气候变化挑战，改善全球生态环境。

总体来说，我国在新能源的开发、利用方面已经取得了显著进展，技术水平有了很大提高，产业化也已经初具规模，尤其是风力发电和光伏发电领域。近年来，生物质能和氢能等新能源也得到了较大发展，蕴含着无穷潜力。再加上大数据、云计算和能源互联网等科技创新的发展，相信在不久的将来，新能源行业将会有更广阔的发展空间和更先进的产业技术升级。前景光明，未来可期。

我们的生活中随处可见各种各样的自然资源，准确判断它属于哪种资源才能更好地物尽其用。你能准确判断下面这些资源是可再生资源还是不可再生资源吗？

分类	水	煤炭	铁矿	黄金	潮汐能	森林
可再生资源						
不可再生资源						

⑲

一起垃圾分类，你怕了吗

2019年7月1日，上海正式实施《上海市生活垃圾管理条例》，成为中国首座全面强制推行垃圾分类的城市，由此进入“史上最严”的垃圾分类时代。2020年5月1日起，北京新修订的《北京市生活垃圾管理条例》也正式实施。在中国，越来越多的城市已经或正在出台生活垃圾管理条例。垃圾分类，正在成为中国的新风尚。

说起垃圾分类，小朋友们最先想到的国家大概是日本和德国，但其实，这一概念最早源于中国。垃圾分类的历史最早可追溯至先秦时期。当时，官府对于随地乱扔垃圾就已经制定了相当严格的法令，并且还设置了“条狼氏”一职，负责清扫垃圾、保持“市容”。唐朝的法令的严格程度丝毫不逊于先秦，而且规定有关管理部门如果没有履行职责，将与犯罪者同样获罪。为了管理城市的环境卫生，宋朝设置了专门的机构——街道司。街道司负责洒扫街道、疏导积

水、整修道路等。明朝、清朝对于乱丢垃圾也一直有禁令，其处罚都是处以杖刑。由此可见，我国古人从无序地乱扔垃圾，到逐步认识到垃圾对环境的影响、乱扔乱放垃圾的危害，并逐步施行了许多处理垃圾的制度和具体措施，经历了漫长的历史进程。

近年来，全球的生态环境形势越来越严峻，人类社会在迅猛发展的同时，大自然却丧失了本来的面目。城市加速发展，人口不断增长，生活垃圾产量也“水涨船高”，推进垃圾分类减量工作势在必行。2019年7月1日起，被称为“史上最严”的垃圾分类措施的《上海市生活垃圾管理条例》正式实施，这意味着上海生活垃圾全程分类将迈入“法治时代”。自此，“忽如一夜春风来，千树万树梨花开”，垃圾分类的重视程度达到了一个前所未有的高度，全国多地陆续进入了垃圾分类的“强制时代”。

垃圾分类的目的是提高垃圾的资源价值和经济价值，力争物尽其用。亲爱的小朋友，你知道垃圾可以分为哪几类吗？根据上海市实施的条例，日常生活垃圾可以分为四类：可回收物、有害垃圾、湿垃圾和干垃圾。

那么，第一个问题来了：哪些垃圾属于可回收物呢？可回收物是指适宜回收、可循环利用的生活废弃物。报纸、纸箱、书本、信封、纸袋、塑料玩具、饮料瓶、玻璃杯、毛绒玩具等都属于可回收物。它们不是一无是处的垃圾，只是放错了地方的资源。将这些可回收物和其他垃圾分开，进行二次处理，完全可以再次利用。

有害垃圾是指对人体健康或者自然环境造成直接或者潜在危害的生活废弃物。家用电器里的废电池、废油漆桶、杀虫剂、荧光灯、节能灯、量体温用的水银温度计、过期药物及其包装等都属于

有害垃圾。这些垃圾需要按照特殊、正确的方法安全处理。

湿垃圾又称厨余垃圾、有机垃圾，即易腐垃圾，是指日常生活中产生的容易腐烂的生物质废弃物。食材废料、剩菜剩饭、过期食品、瓜皮果核、花卉绿植、中药药渣等易腐的生物质生活废弃物都属于湿垃圾。湿垃圾具有易腐烂、热值低、有机质含量丰富等特点，经妥善、正确地处理后，可作为有机肥料、燃料油、酒精、活性炭等发挥“余热”。

干垃圾也称其他垃圾，是指除了可回收物、有害垃圾、湿垃圾以外的其他生活废弃物。猫砂、餐巾纸、卫生间用纸、污损塑料袋、烟蒂、纸尿裤、大骨头、硬贝壳等都属于干垃圾。

随着生态文明建设首次列入我国五年规划——“十三五”规划，我国越来越重视环境保护，而如何解决城市最重要的污染源之一——生活垃圾，成为城市环保的难点和痛点。垃圾分类作为一项有效的措施，有助于节约土地资源，减少生态污染，促进再生资源的循环利用，构建绿色环保的社会环境。此外，垃圾分类还能够促进技术进步，实现经济增长。全国各地纷纷采用各种新鲜的“黑科技”手段来提高垃圾分类的效率，比如研发智能垃圾回收桶、开发垃圾分拣机器人、安装防臭空气净化设备等，引领了垃圾分类的绿色科技风潮。

万物贵有恒。让我们从自己做起，从垃圾分类这样的小事做起，为了更加绿色、更加健康的美丽中国，共筑生态文明之基，同走绿色发展之路。

垃圾分类已经成为了上海、北京、杭州、深圳、武汉等城市居民生活中的主旋律。不知不觉间，我们已经走入了垃圾分类的“强制时代”。你学会垃圾分类了吗？思考以下垃圾属于可回收物、干垃圾、湿垃圾、有害垃圾中的哪一种吧！

1. 用完的草稿纸属于（　　　　）。

2. 珍珠奶茶较为复杂，丢弃时需要分步、分类丢弃。第一步，将剩余的奶茶倒入下水口；第二步，奶茶里的珍珠、水果肉等属于（　　　　），奶茶杯和吸管属于（　　　　），塑料奶茶盖属于（　　　　）。

3. 答对以上2道题，恭喜你，你对生活中的常见垃圾已经有基本的分类判断能力了！请继续思考：脱落的乳牙属于（　　　　），被剪掉的头发属于（　　　　），榴梿的果肉属于（　　　　），被剥掉的榴梿壳属于（　　　　），使用过的面膜属于（　　　　），过期的化妆品属于（　　　　）。

参考答案详见第126页。

⑳

美丽中国的前世今生

党的十九大明确了建成“富强民主文明和谐美丽的社会主义现代化强国”的奋斗目标，把“坚持人与自然和谐共生”纳入了新时代坚持和发展中国特色社会主义的基本方略，指出“建设生态文明是中华民族永续发展的千年大计”，将生态文明建设提升到了新的高度，有了清晰的时间表和明确的路线图。碧水蓝天、空气清新的美丽中国让人充满期待。

“保护环境，人人有责”，这句言简意赅的标语影响了一代又一代人。人类起源于自然，生存于自然，发展于自然。自人类出现以后，生态与环境、人与自然就紧密地联系在了一起。古往今来，我们为生态环境的保护付出了巨大的努力，做出了卓越的贡献。

据历史记载，我国古代就具有先进的环保思想，我们的先人很早就认识到了保护自然资源、合理开发生物资源的重要性。早在战国时期，赵国著名的思想家荀子就提出了“环保治国”的理念。春秋时期的政治家管仲在担任齐国宰相时，也从发展经济、富国强兵的目的出发，十分注意对山林川泽的管理和对生物资源的保护。他主张用立法、执法的手段保护资源，还认为应当建立管理山林川泽的专职机构。

古代不仅有较为丰富的环保思想，而且许多朝代都设立了初具规模的环保机构、部门。据史书记载，舜帝时期，伯益被任命为虞官，负责管理山林川泽等工作；先秦时期有山虞、泽虞、川衡、林衡；秦汉以后有林官、湖官、陂官等；唐、宋、明时期都设置有虞衡司，主管环境保护工作。在我国古代的环保立法中，最典型的当属《秦律》中的《田律》，条文中对树木、水道、植被、动物等保护对象的捕杀、采集的时间和方法，以及对违规者的处理办法均做了详细的规定，至今仍具有深远的借鉴意义。

改革开放以来，我国经济快速发展，创造了举世瞩目的“中国奇迹”。然而，粗放的发展方式也使我国在资源、环境方面付出了沉重的代价，积累了大量生态环境问题。生态环境成为了国家发展的短板和人民生活的痛点。回顾我国40余年的环保史，可谓在困境中逆流而上，在艰难中砥砺前行。

党的十八大将生态文明建设与经济建设、政治建设、文化建设、社会建设一道列为“五位一体”的中国特色社会主义事业总体布局，要求把生态文明建设融入经济建设、政治建设、文化建设、社会建设的各方面和全过程，建设富强民主文明和谐美丽的社会主义现代化强国，走向社会主义生态文明新时代。

党的十八大以来，“绿水青山就是金山银山”理念成为全社会的共识，全国各地走上了“生态优先、绿色发展”之路。2015年，“史上最严”的《环境保护法》正式实施，从立法层面加大了保护

激励机制与污染处罚力度，在打击环境违法行为等方面取得了显著的成果。

如今，环保宣传形式愈加丰富，环保生活理念在全民范围内普及，全民自觉践行环保的社会风尚也“落地生根”。全民义务植树活动如火如荼地展开；在北京、上海、武汉、杭州等地，垃圾分类成为一种文明新风尚；越来越多的人选择共享单车出行；购物时挂在肩头的自备环保购物袋正成为一抹抹亮丽的流行色……

此外，我国还积极参与全球环境治理，为世界贡献中国理念、中国方案。“十三五”期间，塞罕坝机械林场建设者、浙江省“千村示范、万村整治”工程等还获得了联合国环境保护的最高荣誉——“地球卫士奖”。这体现出国际社会对中国生态文明实践的广泛认可，彰显了保护全球生态环境的中国担当。中国坚定走绿色发展之路和生态文明建设的成果，为全球可持续发展贡献了中国智慧。

环境保护功在当代，利在千秋。我们见过遍地黄沙，也见过万物生机，因而更加深切地意识到环境保护对于每个人的重要意义。生态文明建设已经按下了“快进键”，坚持人与自然和谐共生，加快生态文明体制改革，天更蓝、水更清、山更绿、看得见星星、听得见鸟鸣的美丽中国，正渐行渐近。

位于我国江苏省南部、长江中下游的太湖是我国第二大淡水湖，整个湖形如向西突出的弯月，自古便是我国著名的旅游胜地。从前的太湖，水面如丝绸般光滑，温情而灵动。泛舟湖上，如入画中。但在2007年，太湖湖区暴发了大面积蓝藻，水体透明度几乎为零，岸边的湖水犹如铺上了一块宽约10米的绿色“地毯”，给生态环境和人类健康带来了极大的危害。如今，在各方的积极努力下，太湖正在逐渐恢复往日“容颜”。想一想：应该如何改善蓝藻泛滥的情况？怎样才能恢复太湖往昔的风采呢？

参考答案

第59页 因为我国位于北半球，当北半球是夏天时，太阳光直射在北回归线上，而澳大利亚位于南半球，所以澳大利亚是冬天；反之，当我们这里是冬天的时候，太阳光直射在南回归线上，所以澳大利亚正值夏天。

第119页 1. 可回收物

2. 湿垃圾、干垃圾、可回收物

3. 干垃圾、干垃圾、湿垃圾、干垃圾、干垃圾、有害垃圾